H. J. Blaß, T. Uibel

Tragfähigkeit von stiftförmigen Verbindungsmitteln in Brettsperrholz

Titelbild: Geöffnete Stabdübelverbindung in Brettsperrholz

Band 8 der Reihe
Karlsruher Berichte zum Ingenieurholzbau

Herausgeber

Universität Karlsruhe (TH)

Lehrstuhl für Ingenieurholzbau und Baukonstruktionen

Univ.-Prof. Dr.-Ing. H. J. Blaß

Tragfähigkeit von stiftförmigen Verbindungsmitteln in Brettsperrholz

Die Arbeiten wurden gefördert durch die Deutsche Gesellschaft für Holzforschung e.V. über die Arbeitsgemeinschaft industrieller Forschungsvereinigungen „Otto von Guericke“ e.V. aus Mitteln des Bundesministeriums für Wirtschaft und Technologie.

von

H. J. Blaß

T. Uibel

Lehrstuhl für Ingenieurholzbau und Baukonstruktionen
Universität Karlsruhe (TH)

universitätsverlag karlsruhe

Impressum

Universitätsverlag Karlsruhe
c/o Universitätsbibliothek
Straße am Forum 2
D-76131 Karlsruhe
www.uvka.de

Universitätsverlag Karlsruhe 2007
Print on Demand

ISSN: 1860-093X
ISBN: 978-3-86644-129-3

Vorwort

In diesem Forschungsbericht werden auf der Grundlage empirischer Untersuchungen die relevanten Parameter angegeben, die für die Bestimmung der Tragfähigkeit von Verbindungen mit stiftförmigen Verbindungsmitteln in Brettsperrholz (BSPH) notwendig sind. Hierzu zählen die Lochleibungsfestigkeit, die Ausziehtragfähigkeit von Schrauben und Nägeln sowie die Mindestabstände der Verbindungsmittel. Es werden Modelle zur Berechnung der Tragfähigkeit von Verbindungen in Brettsperrholz vorgeschlagen und durch Versuche verifiziert.

Die Arbeit wurde durch die Deutsche Gesellschaft für Holzforschung (DGfH e. V.) mit Mitteln des Bundesministeriums für Wirtschaft und Technologie (BMWi) über die Arbeitsgemeinschaft industrieller Forschungsvereinigungen „Otto von Guericke“ e.V. (AIF) gefördert.

Für die Versuche wurden Brettsperrholzplatten von den Herstellern kostenfrei zur Verfügung gestellt. Darüber hinaus haben Schraubenhersteller diese Arbeit durch kostenfreie Überlassung ihrer Produkte unterstützt.

Die Planung der Untersuchungen, die Durchführung der Versuche und deren Auswertung sowie die Erstellung des Forschungsberichtes erfolgte durch Herrn Dipl.-Ing. T. Uibel.

Für die Herstellung der Versuchskörper sowie der Versuchsvorrichtungen und für die Messungen im Labor waren die Herren A. Klein, M. Deeg, M. Huber, G. Kranz und M. Scheid verantwortlich. Bei der Versuchsdurchführung und der Auswertung der Versuchsergebnisse haben die Herren Dipl.-Ing. B. Klaubert und Dipl.-Ing. M. Essigke sowie die wissenschaftlichen Hilfskräfte des Lehrstuhls für Ingenieurholzbau und Baukonstruktionen tatkräftig mitgewirkt.

Allen Beteiligten ist für die Mitarbeit zu danken.

Hans Joachim Blaß

Inhalt

1 Einleitung

Brettsperrholz besteht aus mehreren, nebeneinander liegenden Brettern, auf die rechtwinklig dazu weitere Brettlagen aufgeklebt sind. Brettsperrholzprodukte werden seit einigen Jahren unter den Bezeichnungen Mehrschichtplatten, Dickholz, Kreuzlagenholz oder Holzblockelemente produziert und vermarktet. Diese Produkte werden nicht nur als Bestandteil eines Bauteils sondern auch selbst als Bauteile eingesetzt, z. B. in Form von Decken- oder Wandelementen, so dass ganze Gebäude aus Brettsperrhölzern errichtet werden können. Des Weiteren werden Brettsperrhölzer auch bei Brückenbauten verwendet.

Das Trag- und Verformungsverhalten von Bauteilen aus Brettsperrholz kann mit unterschiedlichen Methoden berechnet werden. Hierzu zählen die Verbundtheorie, die Theorie der Biegeträger mit nachgiebig verbundenen Querschnittsteilen und das Schubanalogieverfahren. Der Einsatz von Brettsperrhölzern als Bauteile erfordert es, diese untereinander und mit anderen Bauteilen zu verbinden. Hierzu bietet es sich an, stiftförmige Verbindungsmittel wie Stabdübel, Schrauben oder Nägel einzusetzen. Diese Verbindungsmittel können sowohl in den Seitenflächen als auch in den Schmalflächen von Brettsperrholzplatten angeordnet werden.

Bild 1-1 Verschiedene Brettsperrholzprodukte mit Definition von Seiten- und Schmalfläche (Bilder: Informationsdienst Holz)

Die Tragfähigkeit stiftförmiger Verbindungsmittel kann nach der Theorie von Johansen (1949) berechnet werden. Hierzu werden als Eingangsparameter neben dem Fließmoment und dem Durchmesser der Verbindungsmittel die Lochleibungsfestigkeiten der zu verbindenden Bauteile benötigt. Werden Verbindungsmittel in Anschlüssen axial beansprucht, sind Kenntnisse über die Tragfähigkeit der Verbindungsmittel bei Beanspruchung auf Herausziehen erforderlich. Die Lochleibungsfestigkeit und die Herausziehtragfähigkeit wurden für Verbindungsmittel in Brettsperrhölzern bisher noch nicht allgemeingültig ermittelt.

2 Versuchsmaterial Brettsperrholz

2.1 Allgemeines

Brettsperrhölzer bestehen aus mindestens drei kreuzweise verklebten Brettlagen. Für die meisten zurzeit bauaufsichtlich zugelassenen Brettsperrhölzer sind überwiegend Bretter zu verwenden, die mindestens die Kriterien einer Festigkeitssortierung an die Sortierklasse S10 nach DIN 4074-1 erfüllen. Zu einem Anteil von 10% dürfen Bretter der Sortierklasse S7 eingesetzt werden. Bei einigen Produkten genügt es, lediglich Bretter der Sortierklasse S7 für den Gesamtaufbau zu verwenden.

Die Flächenverklebung der einzelnen Lagen erfolgt entweder mit hydraulischen Pressen unter atmosphärischem Druck oder mit Vakuumpressen. Je nach Hersteller und Produkt werden die Stöße an den Schmalseiten der Bretter einer Brettlage mit oder ohne Fugen ausgebildet. Bei einigen Produkten werden diese ebenfalls verklebt. Des Weiteren werden in einigen Produkten Nuten in Brettlängsrichtung angeordnet. Bild 2-1 zeigt die Ausbildung von Brettstößen und Nuten bei unterschiedlichen Brettsperrholzprodukten. Die Breite von Fugen wird in den Zulassungen auf 6 mm begrenzt. Nuten weisen eine Breite von rund 2,5 mm auf.

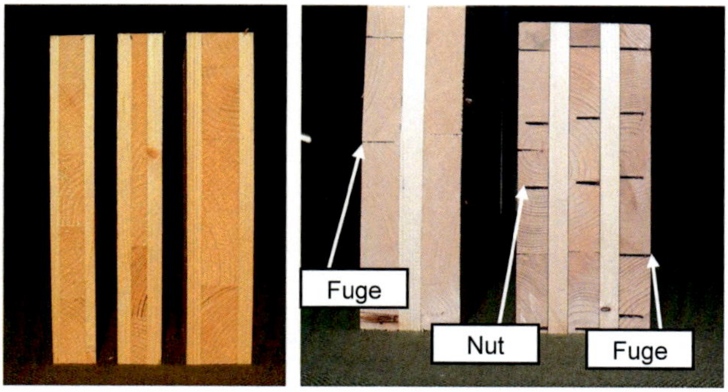

Bild 2-1 Ausbildung von Brettstößen ohne und mit Fugen in verschiedenen Brettsperrholzprodukten

2.2 Auswahl des Versuchsmaterials

Für die Versuche wurden insgesamt 13 unterschiedliche Brettsperrholzaufbauten von vier verschiedenen Herstellern ausgewählt. Im Folgenden werden die unterschiedlichen Brettsperrholzaufbauten mit einer laufenden Nummer bezeichnet, mit Hilfe derer sie im Bericht zugeordnet werden können. Eine Übersicht der ausgewählten Brettsperrhölzer ist in Tabelle 2-1 zusammengestellt.

Tabelle 2-1 Ausgewählte Brettsperrhölzer

Zuordnungs-nummer	Hersteller	Gesamtdicke t in mm	Lagenanzahl n	Lagendicke in mm
1.1	1	81	3	27-27-27
1.2	1	85	5	17-17-17-17-17
1.3	1	105	5	27-17-17-17-27
2.1	2	60	3	19-22-19
2.2	2	78	3	19-40-19
2.3	2	128	5	34-13-34-13-34
2.4	2	146	5	34-22-34-22-34
2.5	2	202	7	34-22-34-22-34-22-34
3.1	3	17	3	5,3-6,4-5,3
4.1	4	12	3	3,5-5-3,5
4.2	4	27	3	8,5-10-8,5
4.3	4	25	5	4,5-4,8-6,5-4,8-4,5
4.4	4	42	5	8,5-7,5-10-7,5-8,5

2.3 Untersuchte Materialeigenschaften von Brettsperrholz

2.3.1 Rohdichte

Auf der Grundlage von insgesamt 2299 Rohdichteproben wurden Mittelwert, Standardabweichung und 5%-Quantil der Rohdichte bei Normalklima 20/65 bestimmt. In Tabelle 2-2 ist die statistische Auswertung der Rohdichten von Brettsperrhölzern unterschiedlicher Hersteller aufgeführt. Eine nach Brettsperrholzaufbauten differenzierte Auswertung ist in Tabelle 2-3 zusammengefasst.

Tabelle 2-2 Statistische Auswertung der Rohdichte

Hersteller	n	ρ_{mean} in kg/m³	ρ_{min} in kg/m³	ρ_{max} in kg/m³	Variations-koeffizient in %	$\rho_{0,05}$ in kg/m³
1	515	470	415	630	5,11	430
2	906	437	372	578	6,02	400
3	208	458	406	507	5,18	423
4	670	459	397	558	5,75	419

Tabelle 2-3 Rohdichte von verschiedenen Plattenaufbauten

Hersteller	Aufbau	Proben-anzahl	Mittelwert ρ_{mean} in kg/m³	Standard-abweichung in kg/m³	Variations-koeffizient in %	5%-Quantil $\rho_{0,05}$ in kg/m³
1	1.2	496	470	24,0	5,11	430
	1.3	19	477	24,9	5,22	(ρ_{min}= 438)
2	2.1	353	432	23,6	5,46	398
	2.2	131	464	34,8	7,50	413
	2.3	422	432	19,6	4,54	400
3	3.1	208	458	23,7	5,17	423
4	4.1	180	466	32,0	6,87	419
	4.3	80	460	25,6	5,57	427
	4.4	410	456	23,0	5,04	419

Auf der Grundlage der gezeigten Auswertung wird für die charakteristische Rohdichte (5%-Quantil) ρ_k = 400 kg/m³ vorgeschlagen, da diese Anforderung von den Produkten der unterschiedlichen Hersteller i. d. R. erfüllt wird. Lediglich bei Platten des Aufbaus 2.1 beträgt der 5%-Quantilwert der Rohdichte 398 kg/m³ und unterschreitet somit geringfügig den vorgeschlagenen charakteristischen Wert.

2.3.2 Fugenbreiten

In zufällig ausgewählten Prüfkörpern aus Brettsperrholzplatten unterschiedlicher Hersteller und Aufbauten wurden die Breiten der Fugen gemessen und statistisch ausgewertet, siehe Tabelle 2-4 bis Tabelle 2-7. Die breitesten Fugen können in Zwischen- und Mittellagen festgestellt werden. Bei den Produkten mit planmäßigen Fugen liegen die mittleren Fugenbreiten in Zwischen- und Mittellagen zwischen 0,5 mm und 2 mm. Die Maximalwerte variieren von 2,2 mm bis 7,3 mm und die zugehörigen 95%-Quantilwerte von 1,8 bis 4,5 mm. In den Decklagen sind jeweils deutlich geringere Fugenbreiten vorhanden. Bei Produkt 4.4 sind die Schmalseiten der Bretter verklebt. In den Zwischenlagen konnten auch bei diesem Produkt Fugen festgestellt werden, die jedoch vollständig mit Klebstoff gefüllt waren.

Tabelle 2-4 Gemessene Fugenbreiten für BSPH-Aufbau 1.2

BSPH-Aufbau 1.2	Mittelwert in mm	Min. in mm	Max. in mm	95%-Quantil in mm	Anzahl Messwerte
Decklagen	0,6	0	2,1	1,6	66
Zwischenlagen	1,6	0	7,3	3,4	171
Mittellage	1,0	0	3,0	2,3	40

Tabelle 2-5 Gemessene Fugenbreiten für BSPH-Aufbau 2.1

BSPH-Aufbau 2.1	Mittelwert in mm	Min. in mm	Max. in mm	95%-Quantil in mm	Anzahl Messwerte
Decklagen	0,4	0	2,0	1,3	60
Mittellage	0,5	0	2,2	1,8	60

Tabelle 2-6 Gemessene Fugenbreiten für BSPH-Aufbau 2.3

BSPH-Aufbau 2.3	Mittelwert in mm	Min. in mm	Max. in mm	95%-Quantil in mm	Anzahl Messwerte
Decklagen	0,2	0	1	1,0	94
Zwischenlagen	1,4	0	6,8	3,3	116
Mittellage	2,0	0	6,7	4,5	62

Tabelle 2-7 Gemessene Fugenbreiten für BSPH-Aufbau 4.4

BSPH-Aufbau 4.4	Mittelwert in mm	Min. in mm	Max. in mm	95%-Quantil in mm	Anzahl Messwerte
Decklagen	0	0	0	0	51
Zwischenlagen	0,6	0	5,4	3,5	206
Mittellage	0	0	0	0	16

3 Lochleibungsfestigkeit

3.1 Allgemeines - Kenntnisstand

Ein wesentlicher Parameter zur Ermittlung der Tragfähigkeit eines stiftförmigen Verbindungsmittels ist die Lochleibungsfestigkeit der zu verbindenden Bauteile. Als Lochleibungsfestigkeit des Holzes (bzw. des Holzwerkstoffes) wird der Widerstand bezeichnet, den dieses einem stiftförmigen Verbindungsmittel beim Eindrücken entgegen bringt. Die Lochleibungsfestigkeit ist keine reine Werkstoffeigenschaft, sondern als Systemeigenschaft zu betrachten. Sie wurde für glattschaftige Verbindungsmittel und Sondernägel in Nadel- und Laubvollhölzern sowie Brettschichtholz bereits untersucht. Veröffentlichte Forschungsergebnisse liegen unter anderem von Werner (1993), Ehlbeck und Werner (1992), Whale and Smith (1989), Whale et. al. (1989), Hilson et al. (1987), Rodd et al. (1987) sowie Smith and Whale (1987) vor. Die Untersuchungen zeigten, dass die Lochleibungsfestigkeit abhängig ist von der Rohdichte des Holzes, dem Durchmesser der Verbindungsmittel und ggf. dem Winkel zwischen Kraftrichtung und Faserrichtung. Blaß et al. (2006) und Bejtka (2005) untersuchten außerdem die Lochleibungsfestigkeit für selbstbohrende Holzschrauben. Hierbei wurde auch der Einfluss des Winkels zwischen Schraubenachse und Faserichtung quantifiziert. Für Brettsperrhölzer liegen bisher keine allgemeingültigen Untersuchungen vor.

Die Lochleibungsfestigkeit kann für Vollholz und Holzwerkstoffe mit dem in der europäischen Prüfnorm DIN EN 383:1993 beschriebenen Prüfverfahren bestimmt werden.

3.2 Lochleibungsfestigkeit in den Seitenflächen

3.2.1 Prüfverfahren

Für die Lochleibungsversuche mit einer Belastung parallel oder rechtwinklig zur Faserrichtung der Decklagen konnte die Größe der Prüfkörper in Anlehnung an DIN EN 383 gewählt werden. Die Prüfkörperdicke t entspricht hierbei der Gesamtdicke des jeweiligen Brettsperrholzaufbaus. Insbesondere bei Brettsperrholzprodukten größerer Dicke und Verbindungsmitteln kleinerer Durchmesser ist zu beachten, dass beim Lochleibungsversuch keine Biegung im stiftförmigen Verbindungsmittel auftritt. Durch Auftrennen der Brettsperrholzplatten in ihrer Ebene ist es möglich, die Prüfkörperdicke zu verringern und Versuche dennoch zu ermöglichen. Dieses ist jedoch nur in bestimmten Grenzen und ohne wesentliche Beeinflussung des Versuchsergebnisses sinnvoll. Im Rahmen des Forschungsvorhabens wurde auf diese Möglichkeit verzichtet, stattdessen wurden erforderlichenfalls Verbindungsmittel aus vergüteten oder gehärteten Stählen mit einem hohen Biegewiderstand eingesetzt.

Bei den Versuchen mit einer Belastung von 45° zur Faserrichtung der Decklagen musste die Größe der Prüfkörper angepasst werden, um das Ausscheren eines Blockes in den Decklagen zu verhindern. Das Blockscherversagen tritt bereits bei Verschiebungen von weniger als 5 mm auf, so dass die Lochleibungsfestigkeit nicht erreicht werden kann. In Bild 3-1 ist ein derartiges Versagen sowie ein hierfür typisches Last-Verschiebungsdiagramm dargestellt.

Die Breite b der Prüfkörper wurde auf mehr als das Doppelte des Abstandes ℓ_1 zum beanspruchten Rand vergrößert ($b = 2 \cdot a_1 = 2 \cdot \ell_1 + 2 \cdot d = 16 \cdot d$), so dass die Last direkt in die Auflagerplatte eingeleitet werden konnte, siehe Bild 3-2.

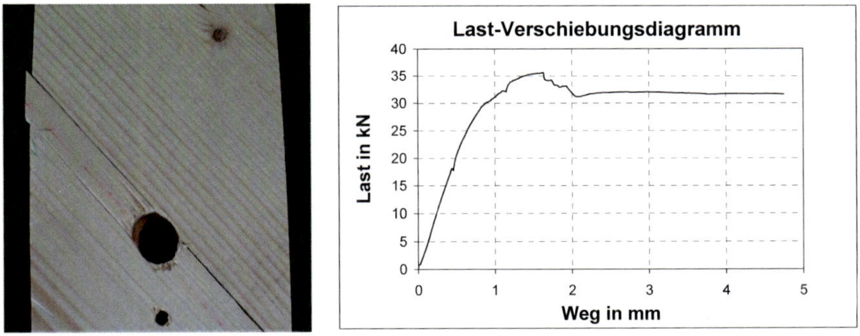

Bild 3-1 Blockscherversagen in den Decklagen

Bild 3-2 Größere Prüfkörperbreite bei Belastung unter 45° zur Decklage

3.2.2 Versuchsprogramm und Durchführung

Zur Ermittlung der Lochleibungsfestigkeit in den Seitenflächen von Brettsperrholz wurden insgesamt 620 Lochleibungsversuche geplant und durchgeführt. Davon wurden 440 Versuche mit Stabdübeln und 180 Versuche mit Schrauben und Nägeln unterschiedlicher Durchmesser durchgeführt. Bei den Versuchen wurde der Winkel zwischen Kraftrichtung und Faserrichtung der Decklage variiert. Es wurden Versuchsreihen mit Belastung parallel (Richtung A), rechtwinklig (Richtung B) und unter 45° (Richtung C) zur Faserrichtung der Decklagen vorgesehen. Des Weiteren wurden Brettstöße/Fugen in den einzelnen Lagen berücksichtigt und entsprechende Prüfanordnungen gewählt, siehe Bild 3-4. In Anordnung 1 befindet sich das Verbindungsmittel in einem Bereich ohne Fugen/Nuten. Die Anordnungen 2 bis 4 sind gekennzeichnet durch die Positionierung des Verbindungsmittels im Bereich von Fugen. In Anordnung 5 wird das Verbindungsmittel direkt oberhalb einer Fuge eingebracht und in Richtung dieser belastet. Bild 3-3 und Bild 3-4 zeigen schematisch die entsprechenden Prüfkörperkonfigurationen.

Zur Berücksichtigung materialspezifischer Einflüsse wurden verschiedene Brettsperrholzaufbauten eingesetzt. Die Auswahl wurde auf Aufbauten mit drei und fünf Brettlagen beschränkt, um die Prüfkörperdicke zu begrenzen und so eine Biegeverformung des Verbindungsmittels im Versuch auszuschließen. Es ist davon auszugehen, dass die charakteristische Lochleibungsfestigkeit mit steigender Brettlagenanzahl aus Gründen der Homogenisierung ebenfalls zunimmt. Versuche mit drei- und fünflagigen Brettsperrholzaufbauten sollten somit konservative Werte der Lochleibungsfestigkeit liefern. Bei baupraktisch relevanten Verbindungsgeometrien und den zurzeit üblichen Aufbauten der Brettsperrhölzer werden aufgrund der Ausbildung von Fließgelenken im Verbindungsmittel häufig nicht mehr als fünf Brettlagen durch eine richtungsgleiche Lochleibungsspannung beansprucht.

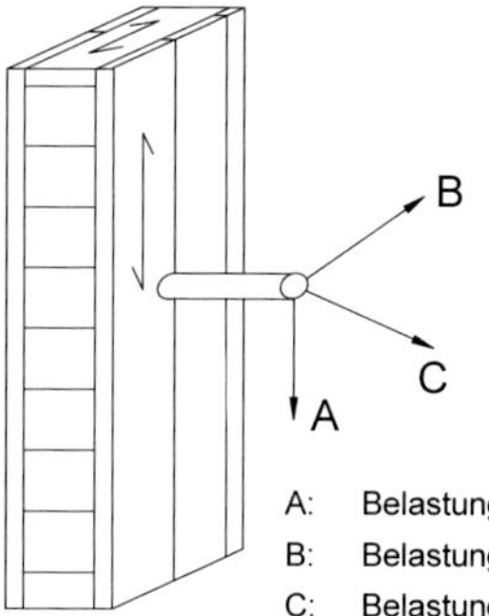

A: Belastung parallel zur Faserrichtung der Decklagen, $\alpha = 0°$

B: Belastung rechtwinklig zur Faserrichtung der Decklagen, $\alpha = 90°$

C: Belastung unter einem Winkel von 45° zur Faserrichtung der Decklagen, $\alpha = 45°$

Bild 3-3 Belastungsrichtungen bei Lochleibungsversuchen

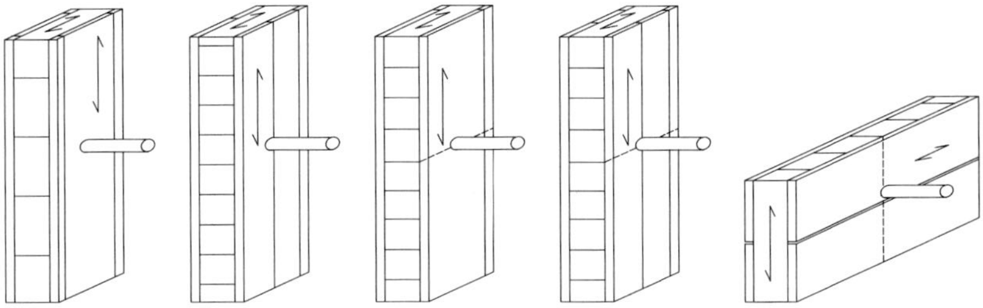

Bild 3-4 Anordnung von VM bei Lochleibungsversuchen (schematisch)

Eine Übersicht der durchgeführten Versuchsreihen ist in Tabelle 3-1 zusammengestellt.

Tabelle 3-1 Übersicht der Lochleibungsversuche in den Seitenflächen

Verbindungsmittel		BSPH	Belastungs-richtung	Versuchsanzahl in Anordnung					Σ
Typ	*d* in mm		α in °	1	2	3	4	5	
SDü	24	1.2	0; 90	je 5	je 5	je 5	je 5	-	40
		2.2	0; 45; 90	je 5	je 5	je 5	je 5	-	60
		4.4	0	5	5	5	5	-	20
SDü	20	1.2	0; 45; 90	je 5	je 5	je 5	je 5	10	70
		4.4	0; 90	je 5	je 5	je 5	je 5	-	40
SDü	16	2.1	0; 90	je 5	je 5	je 5	je 5	10	50
		3.1	0; 90	je 5	je 5	je 5	je 5	-	40
		4.3	0; 45; 90	je 5	je 5	je 5	je 5	20	80
SDü	12	4.1	0	5	5	5	5	-	20
SDü	8	4.1	0	5	5	5	5	-	20
Sr	12	3.1	0; 90	je 5	je 5	je 5	je 5	-	40
Sr	8	4.1	0; 45; 90	je 5	je 5	je 5	je 5	-	60
Na	6,0	4.1	0	5	5	5	5	-	20
Na	4,2	4.1	0; 45; 90	je 5	je 5	je 5	je 5	-	60
								Gesamtsumme:	620

Die Eigenschaften der Prüfkörper aus BSPH sind in Tabelle 3-2 aufgeführt. Die Häufigkeitsverteilung der Rohdichte ist in Bild 3-5 dargestellt.

Tabelle 3-2 Prüfkörpereigenschaften, Lochleibungsversuche in den Seitenflächen

BSPH	Prüfkörperanzahl	Rohdichte in kg/m³			Holzfeuchte in %	
		Mittelwert	Standardabweichung	5%-Quantil	Mittelwert	Standardabweichung
1.2	110	471	26,8	428	10,9	0,66
2.1, 2.2	110	445	34,2	393	11,5	0,46
3.1 4.1, 4.3, 4.4	397	462	28,3	419	9,97	1,12
Auswertung unter Berücksichtigung aller für die Regressionsanalyse verwertbaren Versuche						

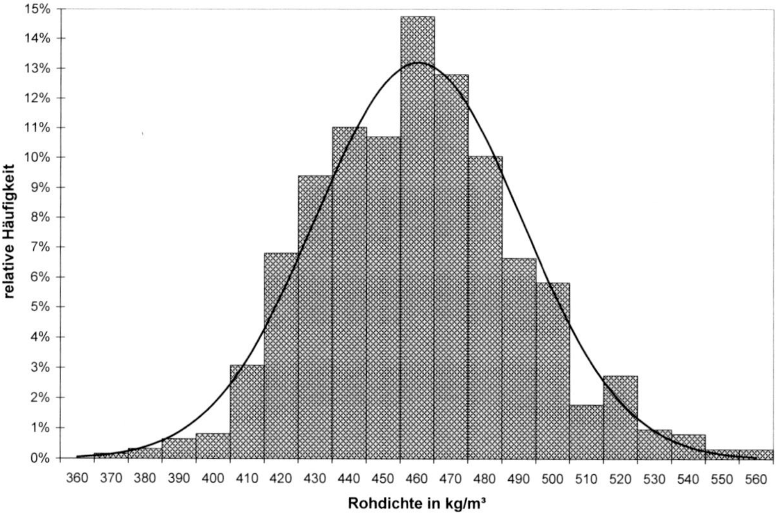

Bild 3-5 Häufigkeitsverteilung der Rohdichte bei den Lochleibungsversuchen in den Seitenflächen, 617 Prüfkörper

Für die Lochleibungsversuche in den Seitenflächen mit Verbindungsmitteln in nicht vorgebohrten Brettsperrhölzern wurden glattschaftige, blanke Nägel und bauaufsichtlich zugelassene Teilgewindeschrauben eingesetzt.

3.2.3 Versuchsergebnisse

Insgesamt konnten 617 der durchgeführten Lochleibungsversuche mit Verbindungsmitteln in den Seitenflächen für die statistische Auswertung herangezogen werden. Die Versuchsergebnisse der einzelnen Versuchsreihen sind in Tabelle 10-1 bis Tabelle 10-29 des Anhangs aufgeführt. Lag bei Versuchen eine Beeinflussung der Lochleibungsfestigkeit durch örtliche Holzfehler vor, wurden diese nicht in die Auswertung aufgenommen. Aus 438 Versuchen mit Stabdübeln in den Seitenflächen verschiedener Brettsperrholzprodukte konnten mit Hilfe einer multiplen Regressionsanalyse verschiedene Modelle zur Vorhersage der Lochleibungsfestigkeit abgeleitet werden. Die Gültigkeit der Regressionsmodelle ist durch die in den Lochleibungsversuchen erfassten Parameter der Brettsperrholzprodukte beschränkt. Die maximale Dicke einer Brettlage in den Versuchen betrug 40 mm. Das Verhältnis ζ zwischen Brettlagen unterschiedlicher Orientierung nach Gleichung (1) lag zwischen 0,95 und 2,1.

$$\zeta = \frac{\sum t_{0,i}}{\sum t_{90,j}} \quad (1)$$

mit

$t_{0,i}$ Dicke der einzelnen Brettlagen, parallel zur Faserrichtung der Decklagen

$t_{90,j}$ Dicke der einzelnen Brettlagen, rechtw. zur Faserrichtung der Decklagen

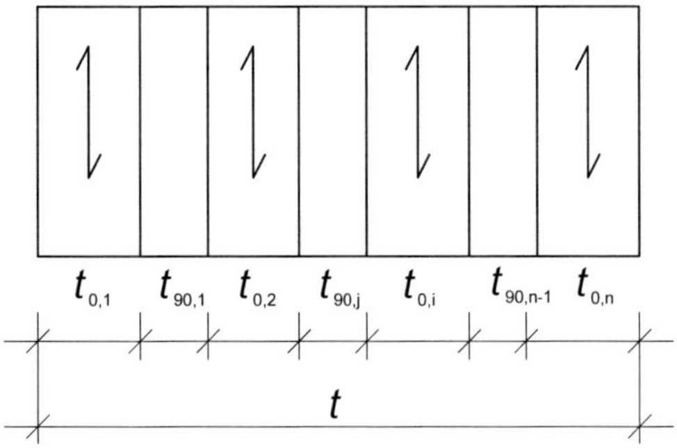

Bild 3-6 Bezeichnung der Brettlagen für die Definition des Verhältnisses ζ gemäß Gleichung (1)

Zwei Regressionsmodelle zur Vorhersage der Lochleibungsfestigkeit von Stabdübeln in Brettsperrholz sind folgend aufgeführt:

- Modell 1 (Berücksichtigung der Brettlagendicke)

$$f_{h,pred} = 0{,}032 \cdot \left(1 - 0{,}015 \cdot d\right) \cdot \rho^{1{,}20} \left[\frac{\sum_{i=1}^{n} t_{0,i}}{t \cdot \left(1{,}6 \cdot \sin^2 \alpha + \cos^2 \alpha\right)} + \frac{\sum_{j=1}^{n-1} t_{90,j}}{t \cdot \left(1{,}6 \cdot \cos^2 \alpha + \sin^2 \alpha\right)} \right] \qquad (2)$$

$$\left[f_{h,pred}\right] = \frac{N}{mm^2}$$

mit

d	Durchmesser des Verbindungsmittels in mm
ρ	Rohdichte des BSPH in kg/m³
$t_{0,i}$	Dicke der einzelnen Brettlagen, parallel zur Faserrichtung der Decklagen in mm
$t_{90,j}$	Dicke der einzelnen Brettlagen, rechtw. zur Faserrichtung der Decklagen in mm
t	Gesamtdicke des Brettsperrholzes in mm
α	Winkel zwischen Kraftrichtung und Faserrichtung der Decklagen

- Modell 2 (in den definierten Grenzen unabhängig von der Brettlagendicke)

$$f_{h,pred} = \frac{0{,}035 \cdot \left(1 - 0{,}015 \cdot d\right) \cdot \rho^{1{,}16}}{1{,}1 \cdot \sin^2 \alpha + \cos^2 \alpha} \quad \text{in } \frac{N}{mm^2} \qquad (3)$$

In Bild 3-7 sind die Lochleibungsfestigkeiten aus den Versuchen ($f_{h,Versuch}$) den mit der Regressionsgleichung berechneten Vorhersagewerte ($f_{h,pred}$) für Modell 1 gegenübergestellt. Für dieses Modell ergab sich die beste Korrelation zwischen Versuchsergebnissen und Vorhersagewerten. Der Korrelationskoeffizient nach der Methode der kleinsten Abstandsquadrate beträgt R = 0,77. Im zweiten Modell wird der Einfluss des Winkels zwischen Kraftrichtung und Faserrichtung der Decklagen vereinfacht ohne Gewichtung durch den Brettsperrholzaufbau berücksichtigt. Für das zweite Modell ist der Vergleich zwischen Versuchsergebnissen und Vorhersagewerten in Bild 3-8 dargestellt. Der Korrelationskoeffizient ergab sich zu R = 0,75. Die Steigung der Regressionsgeraden beträgt m = 0,998 und der Ordinatenabschnitt b = 0,230.

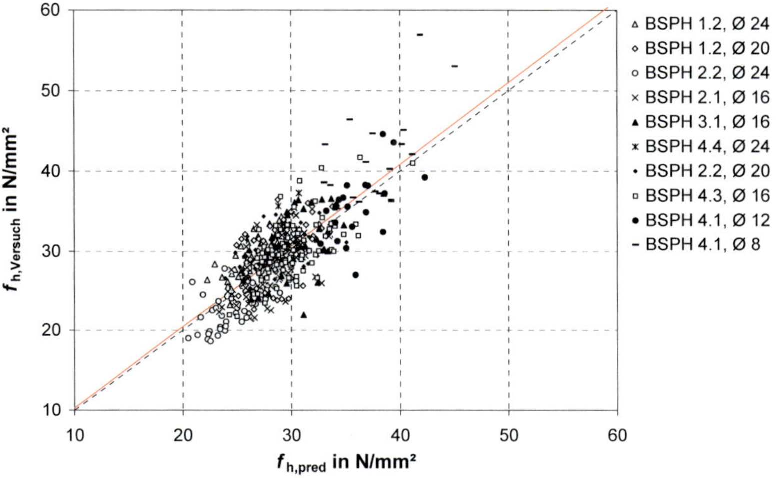

Bild 3-7 Vergleich Versuchswerte – Vorhersagewerte für Modell 1

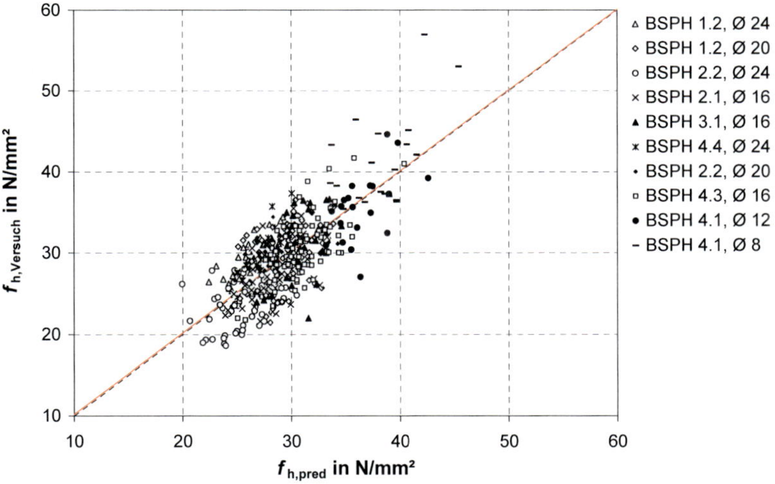

Bild 3-8 Vergleich Versuchswerte – Vorhersagewerte für Modell 2

Bild 3-9 zeigt einen Vergleich der beiden Regressionsmodelle. Der Korrelationskoeffizient beträgt R = 0,98. Demnach besteht für die betrachtete Grundgesamtheit der Lochleibungsversuche eine sehr gute Übereinstimmung zwischen beiden Modellen.

Eine Anwendung des vereinfachten Modells ist innerhalb der angegebenen Grenzen möglich, ohne dass die Ergebnisse maßgebend beeinflusst werden.

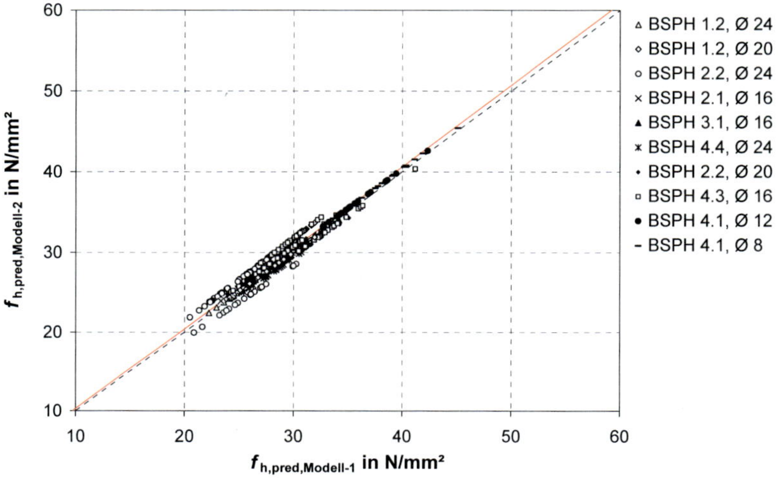

Bild 3-9 Vergleich der beiden Regressionsmodelle

In Tabelle 10-1 bis Tabelle 10-20 sind die Ergebnisse der Lochleibungsversuche mit Stabdübeln angegeben. Zur Berechnung der mittleren korrigierten Lochleibungsfestigkeiten wurde der Einfluss der Rohdichte gemäß Gleichung (2) berücksichtigt. Hierbei wurde die Korrektur auf die charakteristische Rohdichte bezogen, so dass gilt:

$$f_{\text{h,corr}} = f_{\text{h}} \left(\frac{\rho_{\text{k}}}{\rho} \right)^{1,2} = f_{\text{h}} \left(\frac{400}{\rho} \right)^{1,2} \quad \text{in N/mm}^2 \tag{4}$$

Zur Herleitung von Berechnungsansätzen für die charakteristische Lochleibungsfestigkeit wird für die charakteristische Rohdichte zu ρ_{k} = 400 kg/m³ angenommen. Für das Regressionsmodell 1 lässt sich auf der Grundlage von Gleichung (2) die charakteristische Lochleibungsfestigkeit für Stabdübel in den Seitenflächen von BSPH gemäß Gleichung (5) berechnen.

$$f_{\text{h,k}} = 38,5 \cdot (1 - 0,015 \cdot d) \cdot \left[\frac{\sum_{i=1}^{n} t_{0,i}}{t \cdot (1,6 \cdot \sin^2 \alpha + \cos^2 \alpha)} + \frac{\sum_{j=1}^{n-1} t_{90,j}}{t \cdot (1,6 \cdot \cos^2 \alpha + \sin^2 \alpha)} \right] \tag{5}$$

$$[f_{\text{h,k}}] = \frac{\text{N}}{\text{mm}^2}$$

Ausgehend von Gleichung (3) kann für das Regressionsmodell 2 die charakteristische Lochleibungsfestigkeit nach Gleichung (6) ermittelt werden.

$$f_{h,k} = \frac{32 \cdot (1 - 0{,}015 \cdot d)}{1{,}1 \cdot \sin^2 \alpha + \cos^2 \alpha} \quad \text{in } \frac{\text{N}}{\text{mm}^2} \tag{6}$$

Für die Anwendbarkeit der Gleichungen (5) und (6) gelten die gleichen Randbedingungen wie für die Berechnung der Vorhersagewerte der Lochleibungsfestigkeit nach Gleichung (2) bzw. (3).

Von 180 durchgeführten Versuchen mit Schrauben und Nägeln konnten 179 Versuche in der Regressionsanalyse ausgewertet werden. Die Versuche wurden in Brettsperrhölzern mit dünnen Brettlagen (Mehrschichtplatten) durchgeführt. Somit ist die Gültigkeit der Gleichung (7) zur Ermittlung der Lochleibungsfestigkeit auf Brettsperrhölzer mit einer Brettlagendicke von 7 mm beschränkt.

Die beste Korrelation ergab sich mit folgender Gleichung für die Lochleibungsfestigkeit:

$$f_{h,pred} = 0{,}13 \cdot d^{-0{,}53} \cdot \rho^{1{,}05} \quad \text{in N/mm}^2 \tag{7}$$

Ein Vergleich der mit Gleichung (7) berechneten Lochleibungsfestigkeiten mit den Versuchsergebnissen wird in Bild 3-10 gezeigt. Der Korrelationskoeffizient R beträgt 0,83. Aufgrund der Rundung der Parameter in Gleichung (7) wird die Abweichung zwischen der Regressionsgeraden und der Winkelhalbierenden größer. Die Steigung der Regressionsgeraden beträgt m = 1,05 und der Ordinatenabschnitt b = - 0,33.

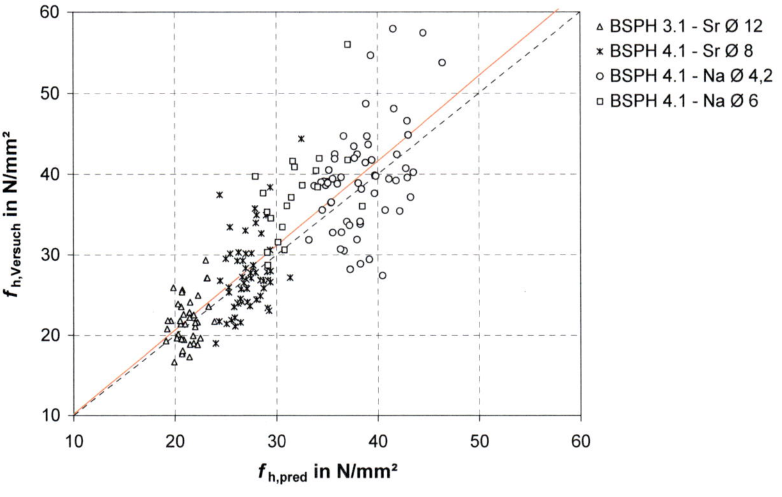

Bild 3-10 Vergleich Versuchswerte – Vorhersagewerte für Schrauben und Nägel

Die mittleren korrigierten Lochleibungsfestigkeiten für Schrauben und Nägel wurden gemäß Gleichung (8) ermittelt und sind für die jeweiligen Prüfanordnungen in Tabelle 10-21 bis Tabelle 10-29 zusammengestellt.

$$f_{\mathrm{h,corr}} = f_{\mathrm{h}} \left(\frac{\rho_{\mathrm{k}}}{\rho} \right)^{1,05} = f_{\mathrm{h}} \left(\frac{400}{\rho} \right)^{1,05} \quad \text{in N/mm}^2 \qquad (8)$$

Zur Bestimmung der charakteristischen Werte der Lochleibungsfestigkeit wird Gleichung (7) vereinfacht und unter Annahme einer charakteristischen Rohdichte von ρ_{k} = 400 kg/m³ ausgewertet. Eine erforderliche Anpassung führt zur Gleichung (9) für $f_{\mathrm{h,k}}$.

$$f_{\mathrm{h,k}} = 60 \cdot d^{-0,5} \quad \text{in N/mm}^2 \qquad (9)$$

3.3 Lochleibungsversuche in den Schmalflächen

3.3.1 Prüfverfahren

Bei Lochleibungsversuchen in den Schmalflächen von Brettsperrhölzern entspricht die Prüfkörperbreite der Plattendicke. Die Dicke *t* der Prüfkörper kann gemäß DIN EN 383 so gewählt werden, dass keine Verformungen der Verbindungsmittel während der Versuchsdurchführung auftreten.

In den Schmalflächen können Verbindungsmittel sowohl rechtwinklig als auch parallel zur Faserrichtung einer Brettlage angeordnet werden. Insbesondere bei Prüfkörpern, bei denen Nägel bzw. Schrauben rechtwinklig zur Faserrichtung in die Schmalflächen eingebracht wurden, trat häufiger ein Versagen durch Aufspalten ein. Des Weiteren spalteten teilweise auch Versuchskörper mit Stabdübeln auf, bei denen die Verbindungsmittel parallel zur Faserrichtung angeordnet waren. Bild 3-11 (rechts) zeigt einen derartig versagten Prüfkörper. Das Aufspalten bei Versuchen mit faserparallel angeordneten Verbindungsmitteln war häufig mit einem Rollschubversagen der belasteten Brettlage verbunden. Das Versagen der Prüfkörper trat unterhalb einer Verschiebung von 5 mm auf. Um die Versuche durchführen zu können, musste die Geometrie der Prüfkörper angepasst werden oder es mussten Verstärkungsmaßnahmen vorgesehen werden. Eine Verbreiterung der Prüfkörper durch Aufkleben zusätzlicher Brettlagen erwies sich als nur wenig wirksam. Ein Aufspalten ließ sich zum Teil durch Verdoppelung der Vorholzlänge verhindern. Bei anderen Anordnungen konnte ein frühzeitiges Versagen der Prüfkörper nur durch eine Querzugverstärkung verhindert werden. Hierzu wurden Furniersperrholzstreifen auf die Prüfkörper aufgeklebt. Die Verstärkungsmaßnahme wird in Bild 3-12 gezeigt.

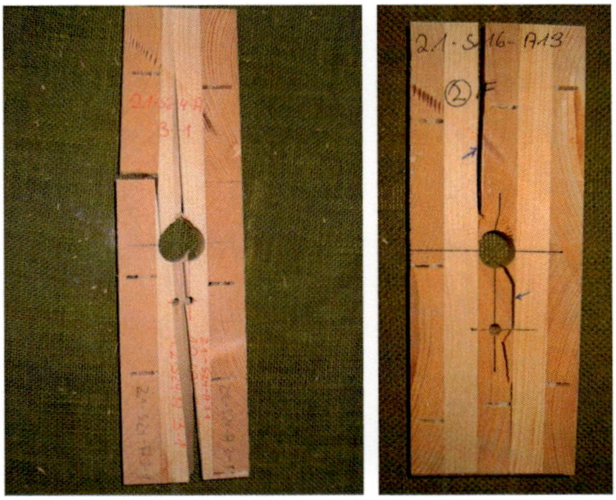

Bild 3-11 Versagen von Prüfkörpern durch Aufspalten

Bild 3-12 Verstärkung der Prüfkörper durch aufgeklebtes Furniersperrholz

Die Querzugverstärkungen sind so auf dem Prüfkörper anzuordnen, dass eine Beeinflussung der Lochleibungsfestigkeit ausgeschlossen werden kann und eine ausreichende, unbeeinflusste Lastausbreitung gewährleistet wird.

3.3.2 Versuchsprogramm und Durchführung

In Vorversuchen zeigten sich folgende Einflüsse auf die Lochleibungsfestigkeit in den Schmalflächen:

- Winkel zwischen Faserrichtung und Stiftachse,
- Verbindungsmitteldurchmesser in Bezug auf die Dicke einzelner Brettlagen,
- Anordnung der Verbindungsmittel im Hinblick auf Längs- u. Querfugen sowie Nuten.

Die Anordnung eines Verbindungsmittels in der Schmalfläche eines Prüfkörpers aus BSPH ist in Bild 3-13 schematisch dargestellt. In Bild 3-14 sind die möglichen Anordnungen der Verbindungsmittel unter Berücksichtigung der Faserrichtung der Brettlagen sowie der Verbindungsmitteldurchmesser bzw. der Lagendicken dargestellt. Die Positionen zu einer Fuge/Nut innerhalb einer Brettlage werden in Bild 3-15 gezeigt. Bei den Prüfanordnungen waren des Weiteren die Belastungsrichtungen zu erfassen. Es wurden Versuche mit Belastung der Prüfkörper in Plattenebene (Richtung A) und rechtwinklig zur Plattenebene (Richtung B) berücksichtigt, wie in Bild 3-13 gezeigt.

Aus der Kombination der Bezeichnungen für die Belastungsrichtung gemäß Bild 3-13 (Bezeichnungen: A, B), für die Verbindungsmittelanordnung nach Bild 3-14 (Bezeichnungen: 1 bis 5) und für die Lage bezüglich von Fugen gemäß Bild 3-15 (Bezeichnungen: 1 bis 3) ergibt sich die Bezeichnung der Prüfanordnung (z. B. A11).

Auf der Grundlage der Vorversuche konnte keine eindeutig maßgebende Anordnung zur Ermittlung der Lochleibungsfestigkeit festgelegt werden. Es war jedoch möglich, einige Prüfanordnungen als nicht maßgebend auszuschließen, so dass nicht alle theoretisch möglichen Prüfanordnungen in den Versuchen berücksichtigt werden mussten. Unter Beachtung der genannten Einflüsse auf die Lochleibungsfestigkeit wurden die in Tabelle 3-3 und Tabelle 3-4 zusammengestellten Versuche durchgeführt.

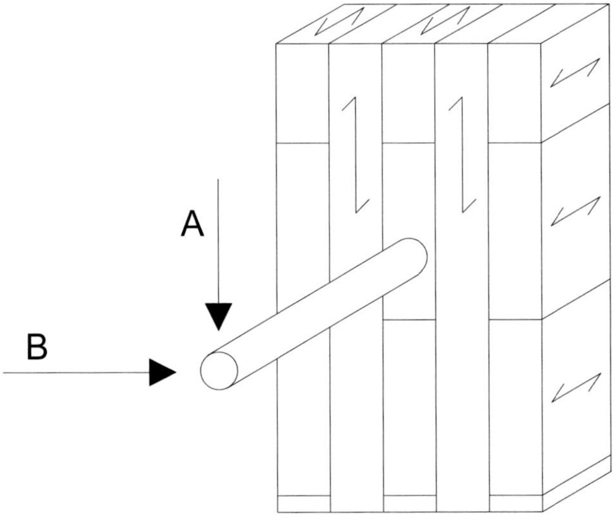

Bild 3-13 Prüfkörper für Lochleibungsversuche in den Schmalflächen mit Belastungsrichtungen (schematisch)

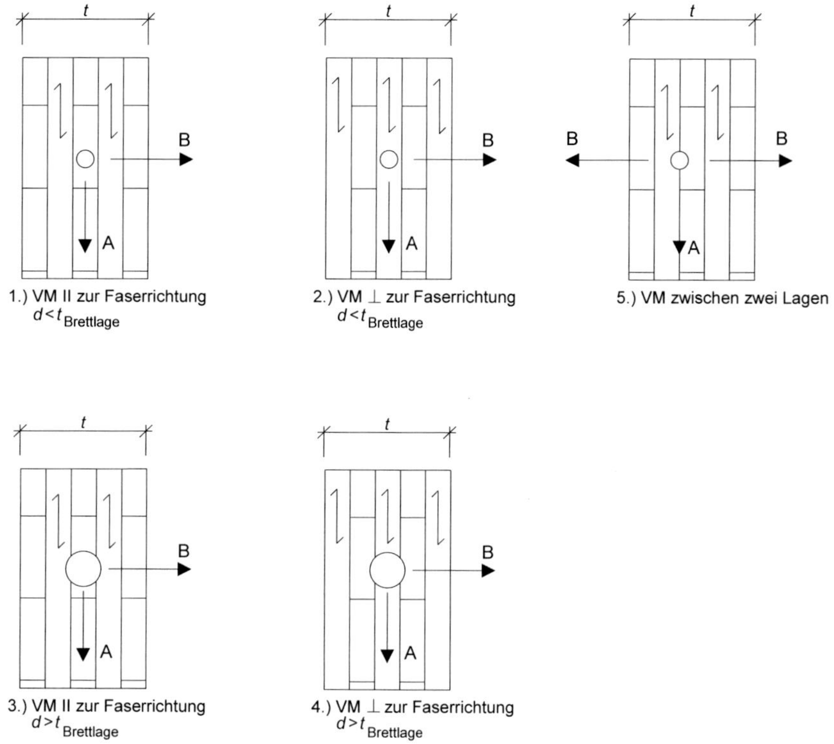

Bild 3-14 Anordnung von Verbindungsmitteln in den Schmalflächen (schematisch)

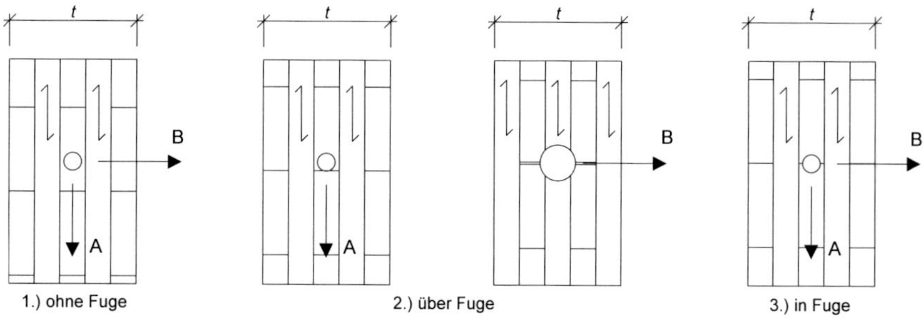

Bild 3-15 Anordnungen von Verbindungsmitteln bezüglich Fugen (schematisch)

Tabelle 3-3 Lochleibungsversuche mit Stabdübeln in den Schmalflächen

VM Typ	VM *d* in mm	BSPH	Belastungsrichtung	Anordnung	Pos. bez. Fuge	Anzahl Vers.	Anzahl Ausw.	Bezeichnung Versuchsreihe
Stabdübel	24	2.1	A	3	1	12	11	2.2-S24-A31
			A	3	2	12	12	2.2-S24-A32
			A	4	1	20	16	2.2-S24-A41
		2.2	A	1	1	23	23	2.2-S24-A11
			B	1	1	20	18	2.2-S24-B11
			B	1	3	20	19	2.2-S24-B13
			B	2	1	12	11	2.2-S24-B21
		2.3	A	5	1	6	4	2.2-S24-A51
			A	5	2	6	5	2.2-S24-A52
			A	5	3	6	5	2.2-S24-A53
	16	1.2	A	1	3	12	12	2.1-S16-A13
			B	1	1	10	10	2.1-S16-B11
			B	1	1	10	10	2.1-S16-B11a
			B	1	3	10	9	2.1-S16-B13
			B	2	1	12	10	2.1-S16-B21
			B	2	1	12	12	2.1-S16-B21a
		1.3	A	2	1	21	19	2.1-S16-A21
		4.4	A	4	1	22	20	2.4-S16-A41
	12	1.2	A	5	1	6	6	2.1-S12-A51
			A	5	2	6	6	2.1-S12-A52
			A	5	3	6	6	2.1-S12-A53
	8	1.2	B	1	3	10	10	2.1-S08-B13
		2.3	A	1	1	12	10	2.2-S08-A11
			A	1	1	12	10	2.2-S08-A11-L
			A	1	2	12	11	2.2-S08-A12
			A	2	1	21	21	2.2-S08-A21
		4.4	A	1	1	12	12	2.4-S08-A11
			A	1	2	11	11	2.4-S08-A12
			A	1	3	12	11	2.4-S08-A13
			A	2	1	21	20	2.4-S08-A21
			B	2	1	21	20	2.4-S08-B21
	6	4.4	B	1	3	10	10	2.4-S06-B13
					Summen:	418	390	

Tabelle 3-4 Lochleibungsversuche mit Schrauben/Nägeln in den Schmalflächen

VM Typ	VM *d* in mm	BSPH	Belastungsrichtung	Anordnung	Pos. bez. Fuge	Anzahl Vers.	Anzahl Ausw.	Bezeichnung Versuchsreihe
Sr	12	1.2	A	2	1	10	10	2.1-Sr12-A21
			B	1	1	11	10	2.1-Sr12-B11
			B	1	3	12	8	2.1-Sr12-B13
			B	2	1	12	8	2.1-Sr12-B21
			B	2	1	12	10	2.1-Sr12-B21a
		2.3	A	1	1	12	12	2.2-Sr12-A11a
			A	1	1	12	11	2.2-Sr12-A11b
			A	1	2	6	6	2.2-Sr12-A12
Sr	8	1.2	A	1	1	12	11	2.1-Sr8-A11a
			A	1	1	12	11	2.1-Sr8-A11b
			A	1	3	7	6	2.1-Sr8-A13
		2.3	A	2	1	11	11	2.2-Sr8-A21a
			A	2	1	10	10	2.2-Sr8-A21b
			B	1	1	12	11	2.2-Sr8-B11
			B	1	3	12	12	2.2-Sr8-B13
			B	2	1	22	20	2.2-Sr8-B21
Sr	6	2.3	B	1	1	12	12	2.2-Sr6-B11
			B	1	3	12	11	2.2-Sr6-B13
		4.4	A	1	1	6	6	2.4-Sr6-A11a
			A	1	1	6	6	2.4-Sr6-A11b
			A	1	1	6	6	2.4-Sr6-A11c
			A	1	1	6	6	2.4-Sr6-A11d
			A	1	2	6	6	2.4-Sr6-A12
			A	1	3	6	6	2.4-Sr6-A13
			A	2	1	6	5	2.4-Sr6-A21
			B	1	1	12	12	2.4-Sr6-B11
			B	1	3	12	12	2.4-Sr6-B13
Na	4,2	3.1	A	1	1	12	12	2.4-Na4-A11
			A	1	2	12	12	2.4-Na4-A12
		4.4	B	1	1	12	12	2.4-Na4-B11
			B	1	3	12	12	2.4-Na4-B13
			B	2	1	22	16	2.4-Na4-B21
					Summen:	345	319	

Zu den planmäßigen 675 Versuchen wurden in den einzelnen Reihen bis zu 3 Versuche zusätzlich durchgeführt. Hiermit wurde erreicht, dass durch vereinzeltes Prüfkörperversagen die Gesamtanzahl der Versuche nicht wesentlich reduziert wurde. Insgesamt wurden 763 Versuche durchgeführt, von denen 709 für die Auswertung zur Verfügung standen.

Für Schrauben wurde die Lochleibungsfestigkeit im Gewindebereich ermittelt. Folgende bauaufsichtlich zugelassene Schrauben ohne Bohrspitze wurden bei den Versuchen eingesetzt:

ABC Spax-S Teilgewindeschraube 12 x 200/100 mm

ABC Spax-S Teilgewindeschraube 6 x 120/68 mm

Würth ECOFAST - ASSY II Teilgewindeschraube 8 x 240/100 mm

Für die Versuche mit Nägeln wurden blanke, glattschaftige Drahtstifte eingesetzt, welche händisch in die Prüfkörper eingetrieben wurden.

Die in Tabelle 3-5 zusammengestellten Eigenschaften der Prüfkörper beziehen sich auf den gesamten Prüfkörperquerschnitt. In Tabelle 3-6 sind die Rohdichten der maßgebenden Brettlage bzw. Brettlagen aufgeführt. Die Häufigkeitsverteilung der Rohdichten der maßgebenden Brettlagen der Prüfkörper ist in Bild 3-16 dargestellt.

Tabelle 3-5 Prüfkörpereigenschaften, Lochleibungsversuche in den Schmalflächen

BSPH	Prüfkörperanzahl	Rohdichte in kg/m³			Holzfeuchte in %	
		Mittelwert	Standardabweichung	5%-Quantil	Mittelwert	Standardabweichung
1.2	184	474	27,3	434	11,3	0,42
2.1, 2.2	292	439	33,6	391	12,2	0,31
3.1 4.1, 4.3, 4.4	233	452	25,1	413	11,4	0,84
Auswertung unter Berücksichtigung aller für die Regressionsanalyse verwertbaren Versuche						

Tabelle 3-6 Rohdichte der maßgebenden Brettlage

BSPH	Prüfkörper-anzahl	Rohdichte in kg/m³		
		Mittelwert	Standard-abweichung	5%-Quantil
1.2, 1.3	184	481	45,9	412
2.1, 2.2, 2.3	292	417	51,0	345
3.1 4.4	233	461	45,6	401
Auswertung unter Berücksichtigung aller für die Regressionsanalyse verwertbaren Versuche				

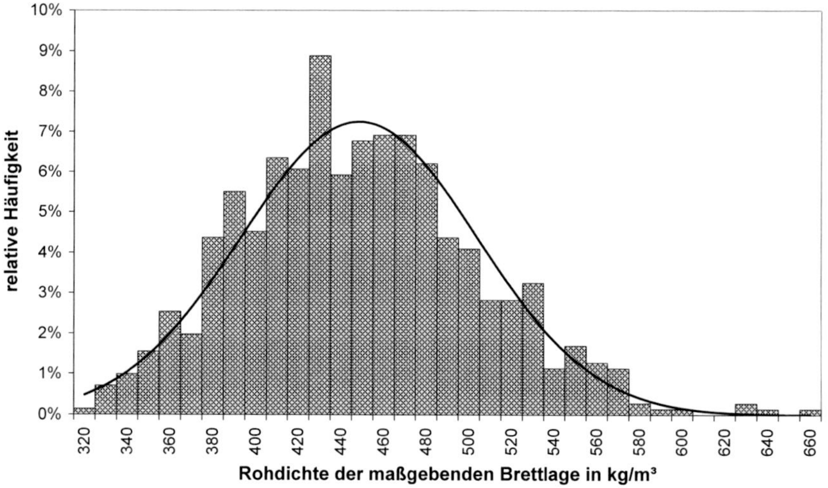

Bild 3-16 Häufigkeitsverteilung für die Rohdichte der maßgebenden Brettlagen bei Lochleibungsversuchen in den Schmalflächen, 709 Prüfkörper

3.3.3 Versuchsergebnisse

Von 418 durchgeführten Lochleibungsversuchen mit Stabdübeln konnten 390 für die Auswertung der Lochleibungsfestigkeit herangezogen werden. Von 345 Versuchen mit Schrauben und Nägeln standen 319 Versuche für die Auswertung zur Verfügung. Bei Auftreten eines frühzeitigen Versagens z. B. durch Aufspalten weit unterhalb einer Verschiebung von 5 mm konnten die Versuche nicht zur Bestimmung der Lochleibungsfestigkeit verwendet werden. Weiterhin wurden Versuche nicht in die Auswertung einbezogen, bei denen die Lochleibungsfestigkeit durch örtliche Holzfehler beeinflusst wurde.

In Bild 3-17 und Bild 3-18 sind die im Hinblick auf die Rohdichte der einzelnen Prüfkörper normierten Lochleibungsfestigkeiten für Stabdübel in Abhängigkeit vom Durchmesser dargestellt. Für die Normierung wurde ein linearer Einfluss der Rohdichte angenommen.

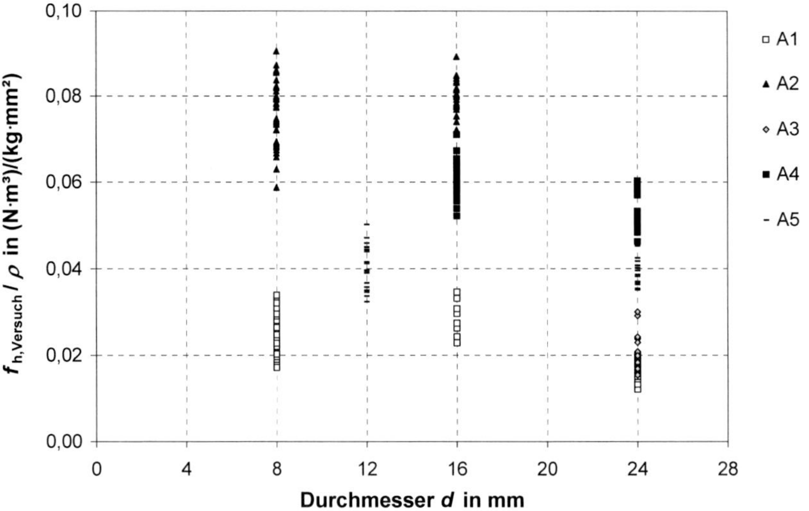

Bild 3-17 Normierte Lochleibungsfestigkeit für in Plattenebene belastete BSPH

Aus Bild 3-17 wird ersichtlich, dass die Lochleibungsfestigkeit bei Anordnung der Verbindungsmittel rechtwinklig zur Faserrichtung der Brettlage und Belastung parallel zur Plattenebene (A2, A4) größer ist als bei faserparalleler Anordnung (A1, A3). Eine Anordnung der Verbindungsmittel zwischen zwei Brettlagen (A5) liefert ebenfalls größere Lochleibungsfestigkeiten. Der Vergleich zwischen den maßgebenden Lochleibungsfestigkeiten aus den Versuchen mit Belastung in Plattenebene (A1 und A3) und mit Belastung rechtwinklig dazu (B1, B2) ist in Bild 3-18 dargestellt. Die Position der Verbindungsmittel bezüglich der Fugen sind in den Versuchsreihen gemäß des Versuchsprogramms (Tabelle 3-3) berücksichtigt.

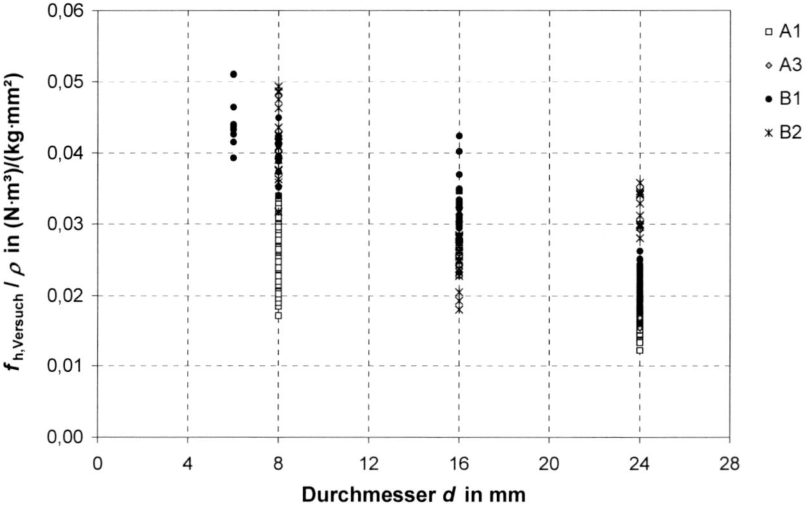

Bild 3-18 Normierte Lochleibungsfestigkeit für Prüfanordnungen A1, A3, B1 und B2

Es zeigt sich, dass mit Ausnahme der Versuche mit Stabdübeln des Durchmessers *d* = 16 mm die maßgebende Lochleibungsfestigkeit in der Anordnung A1 ermittelt wird. Die Versuche mit 16er Stabdübeln wurden in Brettsperrhölzern mit einer Brettlagendicke von 17 mm durchgeführt (BSPH 1.2 nach Tabelle 2-1). Aufgrund des hohen Verhältnisses zwischen Durchmesser und Brettlagendicke wird eine seitliche Verdrängung der Holzfasern behindert. Dieses kann auch zu einem Aufspalten der Prüfkörper wie in Bild 3-11 führen. Es wird vermutet, dass die in dieser Konfiguration ermittelten höheren Lochleibungsfestigkeiten auf die Behinderung eines seitlichen Ausweichens der Fasern zurückzuführen sind. Des Weiteren wiesen die maßgebenden Brettlagen der betroffenen Prüfkörper häufig geringe Jahrringbreiten auf.

Bei Anordnung von 16er Stabdübeln in einer 17 mm dicken Brettlage rechtwinklig zur Faserrichtung und Belastung rechtwinklig zur Plattenebene (Prüfanordnung B2) ergeben sich im Vergleich geringere Lochleibungsfestigkeiten als in dieser Prüfanordnung üblich (siehe Bild 3-18). Durch das hohe Verhältnis von Durchmesser zur Brettlagendicke wird auch die in Belastungsrichtung folgende Lage beansprucht. Diese weist eine zur Stiftachse des Verbindungsmittels parallele Faserrichtung auf. In der Brettlage sind plastische Verformungen zu beobachten, wie in Bild 3-19 dargestellt. Die Brettlage, in der das Verbindungsmittel eingebracht wird, weist teilweise Querzugrisse im Nahbereich des Verbindungsmittels auf.

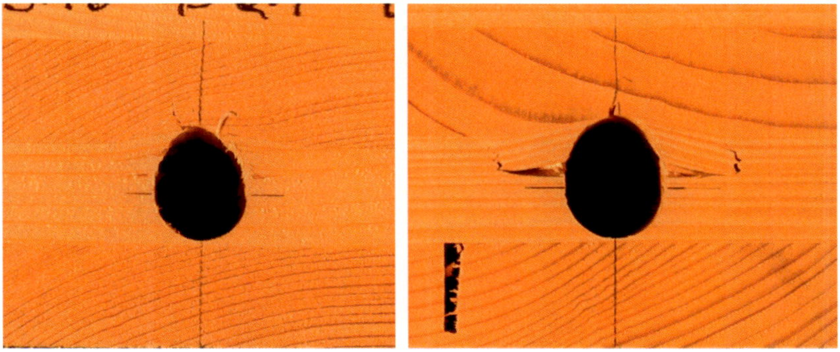

Bild 3-19 Lochleibungsverformungen in Prüfanordnung B2

Zur Entwicklung einer Gleichung für Vorhersagewerte der Lochleibungsfestigkeit von Stabdübeln in den Schmalflächen wurde eine multiple Regressionsanalyse durchgeführt. Das Regressionsmodell wird durch Gleichung (10) beschrieben, wobei nur die Versuche der Prüfanordnung A1 einbezogen werden. Es werden Versuchsreihen mit Anordnung der Verbindungsmittel im Bereich ohne Fugen, innerhalb von Fugen und direkt über Fugen in der Auswertung berücksichtigt.

$$f_{h,pred} = 0{,}049 \cdot (1 - 0{,}017 \cdot d) \cdot \rho_{Brettlage}^{0{,}91} \quad \text{in N/mm}^2 \tag{10}$$

mit

$\rho_{Brettlage}$ Rohdichte der maßgebenden Brettlage(n) des BSPH in kg/m³

Die Rohdichte $\rho_{Brettlage}$ bezieht sich auf die Brettlage bzw. die Brettlagen, in der das Verbindungsmittel eingebracht wurde bzw. in welche es während des Lochleibungsversuches hineingedrückt wird.

Bild 3-20 zeigt die Lochleibungsfestigkeiten aus den Versuchen gegenüber den mit Gleichung (10) berechneten Werten. In Bild 3-21 sind zum Vergleich die Lochleibungsfestigkeiten aus allen anderen Prüfanordnungen hinzugefügt worden.

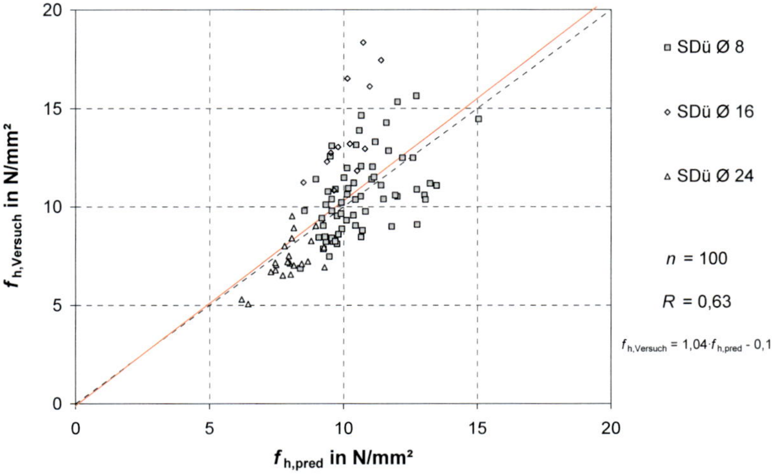

Bild 3-20 Lochleibungsfestigkeit für Stabdübel in den Schmalflächen für die maßgebenden Prüfanordnungen

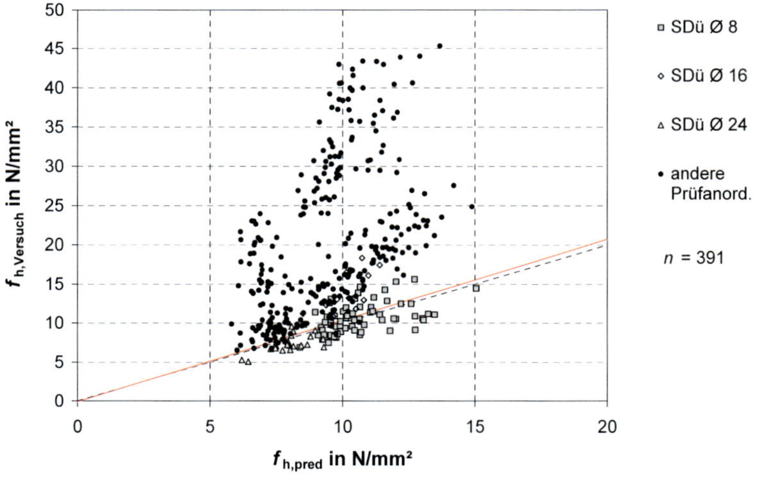

Bild 3-21 Lochleibungsfestigkeit für Stabdübel in den Schmalflächen für alle Prüfanordnungen

Zur Entwicklung einer Gleichung für die charakteristische Lochleibungsfestigkeit in den Schmalflächen wird die Gleichung (10) mit der charakteristischen Rohdichte der Brettlage ausgewertet und angepasst. Für die charakteristische Rohdichte der Brettlage kann der Wert für das Ausgangsmaterial des Brettsperrholzes angenommen werden. I. d. R. handelt es sich hierbei um Bretter der Festigkeitsklasse C24 (Fichte der Sortierklasse S10) mit ρ_k = 350 kg/m³.

Die charakteristische Lochleibungsfestigkeit für Stabdübel in den Schmalseiten von Brettsperrholz kann gemäß Gleichung (11) berechnet werden.

$$f_{h,k} = 9 \cdot (1 - 0{,}017 \cdot d) \quad \text{in N/mm}^2 \qquad (11)$$

Die Darstellung der Lochleibungsfestigkeit aus den Versuchen $f_{h,Versuch}$ über den charakteristischen Werten $f_{h,k}$ wird in Bild 3-22 gezeigt. Gleichung (11) liefert gegenüber allen anderen möglichen Prüfanordnungen konservative Werte für die Lochleibungsfestigkeit, siehe Bild 3-23. Bild 3-24 zeigt ebenfalls die Versuchsergebnisse im Vergleich zu den charakteristischen Werten. Hierbei ist jedem Einzelergebniss die Lage des Verbindungsmittels bezüglich von Fugen und Nuten zugeordnet.

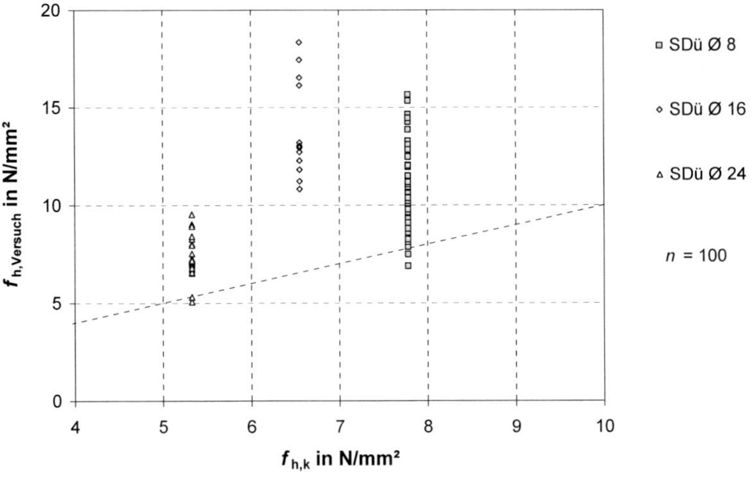

Bild 3-22 Charakteristische Lochleibungsfestigkeit für Stabdübel in den Schmalflächen für die maßgebenden Prüfanordnungen

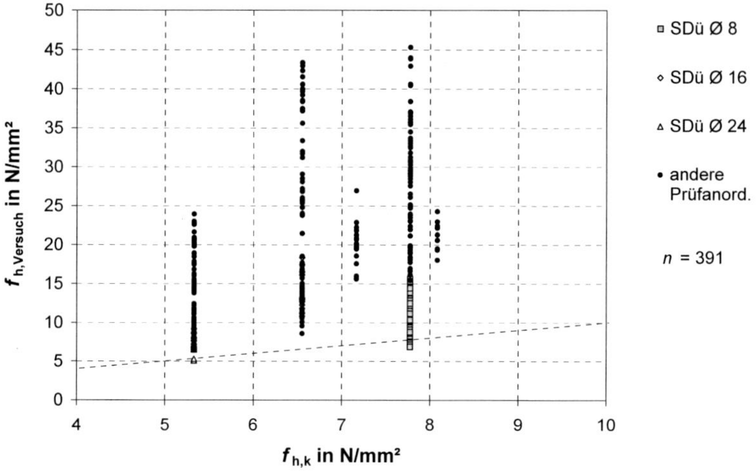

Bild 3-23 Charakteristische Lochleibungsfestigkeit für SDü in den Schmalflächen für alle Prüfanordnungen

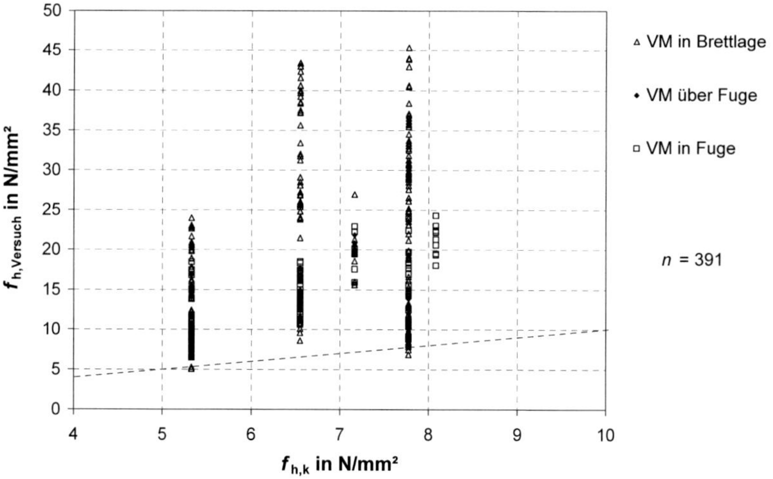

Bild 3-24 Lochleibungsfestigkeit in den Schmalflächen für unterschiedliche Positionen der Verbindungsmittel

Mit Verbindungsmitteln, die ohne Vorbohren eingebracht werden, wurden 345 Lochleibungsversuche durchgeführt, von denen 319 für die statistische Auswertung verwendet werden konnten. Bei den anderen Prüfkörpern trat ein Versagen durch Aufspalten ein oder es lag eine Beeinflussung der Lochleibungsfestigkeit durch Holzfehler vor. In Bild 3-25 sind die mit der Rohdichte normierten Lochleibungsfestigkeiten aller Versuche mit Schrauben und Nägeln in Abhängigkeit vom Durchmesser dargestellt. Die maßgebenden Lochleibungsfestigkeiten ergeben sich unter Berücksichtigung von Fugen/Nuten aus der Prüfanordnung A1.

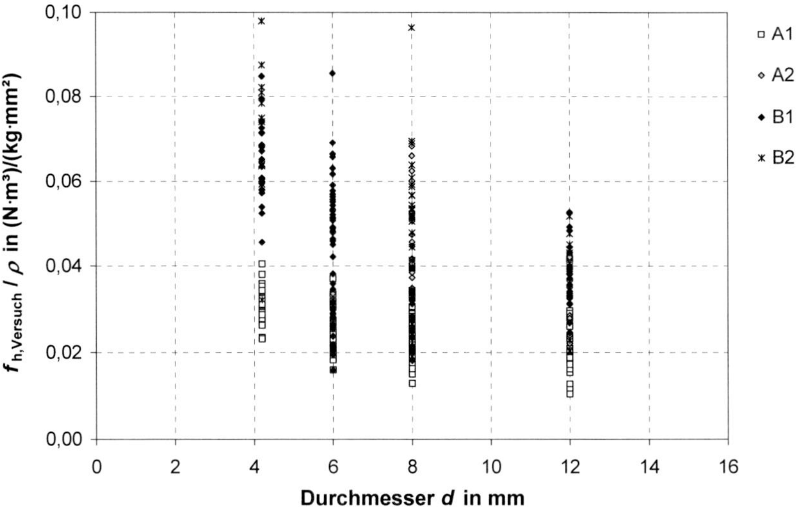

Bild 3-25 Normierte Lochleibungsfestigkeit für Prüfanordnungen A1, A2, B1 u. B2

Eine multiple Regressionsanalyse von 117 Versuchen in der Prüfanordnung A1 führt zur Gleichung (12) für Vorhersagewerte der Lochleibungsfestigkeit. Der Korrelationskoeffizient zwischen den Vorhersagewerten der Lochleibungsfestigkeit und den Versuchsergebnissen beträgt $R = 0{,}68$.

$$f_{h,pred} = 0{,}8622 \cdot d^{-0{,}46} \cdot \rho_{Brettlage}^{0{,}56} \quad \text{in N/mm}^2 \tag{12}$$

Die Gleichung (12) kann ohne Einfluss auf den Korrelationskoeffizienten zur Gleichung (13) vereinfacht werden.

$$f_{h,pred} = 0{,}862 \cdot d^{-0{,}5} \cdot \rho_{Brettlage}^{0{,}56} \quad \text{in N/mm}^2 \tag{13}$$

Durch die Vereinfachung der Gleichung (12) ändern sich die Steigung und der Ordinatenabschnitt der Regressionsgeraden. Ein Vergleich zwischen Versuchsergebnissen und Vorhersagewerten ist in Bild 3-26 dargestellt. In Bild 3-26 sind nur Versuche berücksichtigt, die in der Prüfanordnung A1 durchgeführt wurden. In Bild 3-27 wurden die Datenpunkte der übrigen Prüfanordnungen (A2, B1, B2) ergänzt.

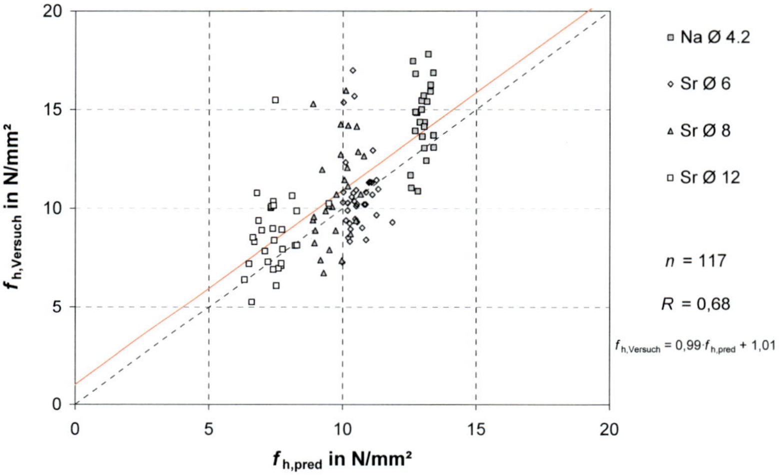

Bild 3-26 Vergleich Versuchswerte – Vorhersagewerte für Schrauben und Nägel für die maßgebenden Prüfanordnungen

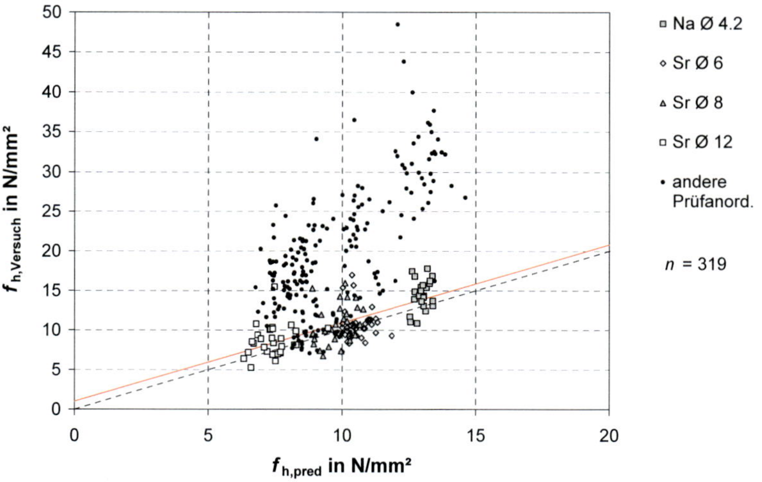

Bild 3-27 Vergleich Versuchswerte – Vorhersagewerte für Schrauben und Nägel für alle Prüfanordnungen

Die Herleitung eines Zusammenhanges für die charakteristische Lochleibungsfestigkeit basiert auf Gleichung (13) unter Berücksichtigung des 5%-Quantilwertes der Rohdichte der maßgebenden Brettlage. Eine Anpassung dieser Funktion zur Berechnung der Vorhersagewerte führt zum Ausdruck in Gleichung (14).

$$f_{h,k} = 20 \cdot d^{-0,5} \quad \text{in N/mm}^2 \qquad (14)$$

Bild 3-28 zeigt den Zusammenhang zwischen charakteristischen Werten der Lochleibungsfestigkeit und den Versuchsergebnissen für die maßgebende Prüfanordnung A1. In Bild 3-29 werden zusätzlich die Lochleibungsfestigkeiten aller anderen Prüfanordnungen dargestellt.

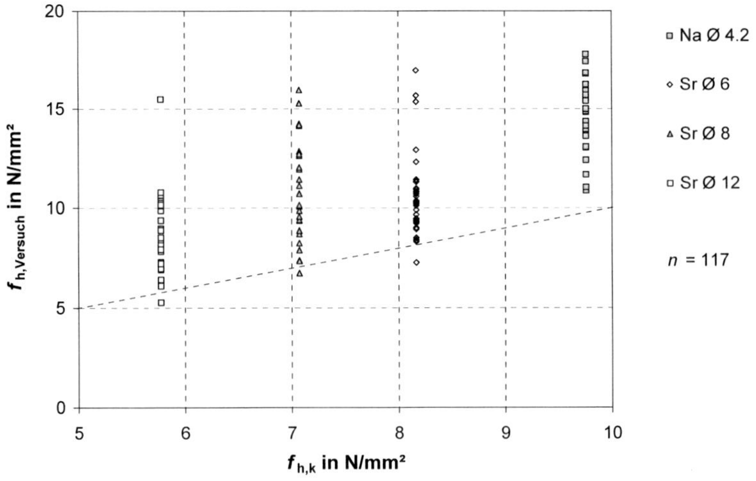

Bild 3-28 Vergleich charakteristische Lochleibungsfestigkeit - Versuchsergebnisse für Schrauben und Nägel

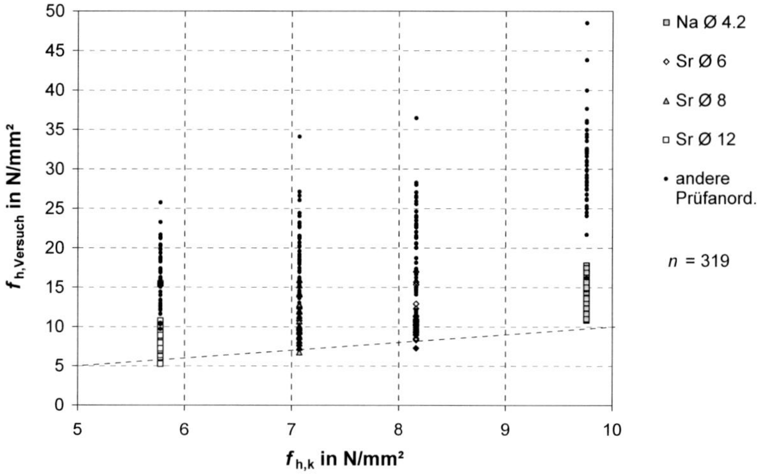

Bild 3-29 Vergleich charakteristische Lochleibungsfestigkeit - Versuchsergebnisse für Schrauben und Nägel, alle Prüfanordnungen

3.4 Ergänzende Lochleibungsversuche mit Vollholz

Für Vergleichsrechnungen wurden ergänzende Versuche zur Ermittlung der Lochleibungsfestigkeit von Vollholz der Holzart Fichte (picea abies) durchgeführt. Insgesamt wurden 174 Prüfkörper aus Vollholz in Anlehnung an DIN EN 383 hergestellt und geprüft. Bei den Versuchen wurden Stabdübel der Durchmesser d = 16 mm und d = 24 mm sowie Nägel des Durchmessers d = 4,2 mm berücksichtigt. Es wurden Versuche mit Belastung parallel und rechtwinklig zur Faserrichtung durchgeführt. Der Winkel zwischen Stiftachse und Faserrichtung betrug bei allen Versuchen 90°.

Eine Übersicht der durchgeführten Versuche sowie der Prüfkörpereigenschaften ist in Tabelle 3-7 bzw. Tabelle 3-8 zusammengestellt.

Tabelle 3-7 Lochleibungsversuche mit Prüfkörpern aus Vollholz

Versuchsreihe	Verbindungsmittel		Winkel zw. Kraft- und Faserrichtung α	Prüfkörperdicke t in mm	Versuchsanzahl
	Art	d in mm			
VH-S24-A	SDü	24	0°	55	28
VH-S24-B	SDü	24	90°	55	29
VH-S16-A	SDü	16	0°	30	30
VH-S16-B	SDü	16	90°	30	27
VH-Na4.2-A	Na	4,2	0°	8	29
VH-Na4.2-B	Na	4,2	90°	8	31

Tabelle 3-8 Eigenschaften der Prüfkörper aus Vollholz

Reihe	Prüfkörperanzahl	Rohdichte in kg/m³			Holzfeuchte in %	
		Mittelwert	Standardabweichung	5%-Quantil	Mittelwert	Standardabweichung
VH-S24-A/B	57	432	34,1	376	13,4	1,11
VH-S16-A/B	57	435	30,7	401	11,1	1,28
VH-Na4.2-A/B	60	447	26,3	400	10,6	2,64
Gesamt	174	438	31,0	394	11,7	2,19

Auswertung unter Berücksichtigung aller für die Regressionsanalyse verwertbaren Versuche

Mit den 114 Ergebnissen der Lochleibungsversuche mit Stabdübeln wurde eine Regressionsanalyse durchgeführt. Hiermit konnte der durch Gleichung (15) beschriebene Zusammenhang ermittelt werden.

$$f_{\text{h,pred}} = \frac{0{,}026 \cdot (1 - 0{,}011 \cdot d) \cdot \rho^{1{,}21}}{(1{,}63 + 0{,}014 \cdot d) \cdot \sin^2 \alpha + \cos^2 \alpha} \quad \text{in } \frac{\text{N}}{\text{mm}^2} \tag{15}$$

Bild 3-30 zeigt einen Vergleich zwischen Versuchsergebnissen und Vorhersagewerten der Lochleibungsfestigkeit. Der Korrelationskoeffizient beträgt R = 0,95. Aufgrund von Rundungen der Parameter in Gleichung (15) beträgt der Ordinatenabstand der Regressionsgeraden b = 0,14 bei einer Steigung von m = 0,97. Bei Berechnung der Parameter auf vier gültige Stellen sind die Regressionsgerade und die Winkelhalbierende nahezu kongruent.

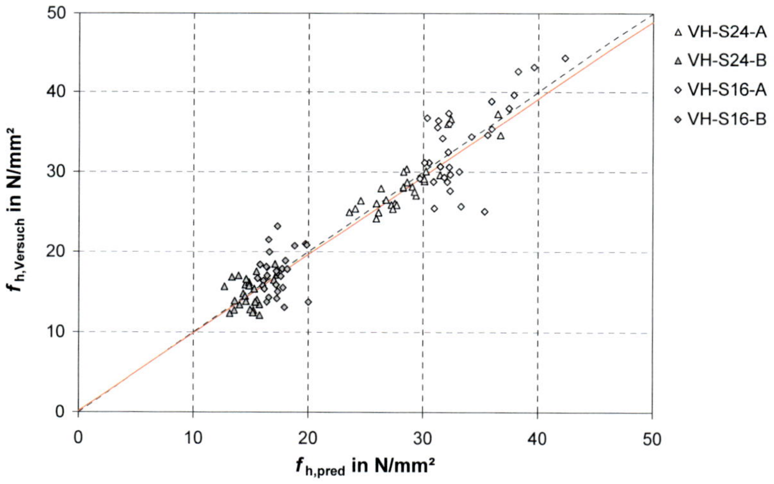

Bild 3-30 Lochleibungsfestigkeit von Stabdübeln in Vollholz, Versuchswerte im Vergleich zu Vorhersagewerten nach Gleichung (15)

Bei den Versuchen wurden lediglich zwei unterschiedliche Verbindungsmitteldurchmesser berücksichtigt. Aufgrund der geringen Variation dieses Untersuchungsparameters sind die Ergebnisse einer multiplen Regressionsanalyse der Versuchsergebnisse nur in begrenztem Maße aussagekräftig. Jedoch werden Tendenzen aus anderen Untersuchungen durchaus bestätigt.

Der für Gleichung (15) ermittelte Einfluss der Rohdichte auf die Lochleibungsfestigkeit deckt sich mit den Ergebnissen für die Lochleibungsfestigkeit für Brettsperrholz nach Gleichung (2) bzw. Gleichung (3). Ebenfalls konnte der Einfluss der Rohdichte in einer ähnlichen Größenordnung bei Untersuchungen von Blaß et al. (2006) für selbstbohrende Holzschrauben mit Vollgewinde festgestellt werden. Zur Berechnung von Vorhersagewerten der Lochleibungsfestigkeit von Vollgewindeschrauben in Vollholz geben Blaß et al. (2006) folgende Gleichung an:

$$f_{h,S} = \frac{0{,}022 \cdot \rho^{1{,}24} \cdot d^{-0{,}3}}{2{,}5 \cdot \cos^2 \varepsilon + \sin^2 \varepsilon} \quad \text{in } \frac{\text{N}}{\text{mm}^2} \qquad (16)$$

mit

ε Winkel zwischen Schraubenachse und Faserrichtung des Holzes

Die Ergebnisse der einzelnen Versuchsreihen mit Stabdübeln sind in Tabelle 10-39 des Anhangs zusammengefasst. Zur Berechnung der korrigierten Lochleibungsfestigkeiten wurde Gleichung (17) verwendet.

$$f_{h,corr} = f_h \left(\frac{\rho_{bez}}{\rho} \right)^{1{,}2} = f_h \left(\frac{400}{\rho} \right)^{1{,}2} \quad \text{in N/mm}^2 \qquad (17)$$

Die Ergebnisse der Lochleibungsversuche mit Nägeln sind in Tabelle 10-40 des Anhangs zusammengestellt. Zur Berechnung der korrigierten Lochleibungsfestigkeit wurde ein linearer Einfluss der Rohdichte unterstellt. Es zeigte sich, dass bei Nägeln des Durchmessers d = 4,2 mm die Lochleibungsfestigkeit rechtwinklig zur Faserrichtung höher ist als parallel zur Faser. Bei den Versuchen konnte eine Verschiebung der Verbindungsmittel von 5 mm in der Regel erreicht werden. Jedoch zeigten sich teilweise kleinere Spaltrisse unterhalb des Verbindungsmittels.

Für Verbindungsmittel, die ohne Vorbohren eingebracht werden, kann die Unabhängigkeit der Lochleibungsfestigkeit vom Winkel zwischen Kraft- und Faserrichtung bestätigt werden. Dieses zeigte sich auch in den Versuchen von Blaß et. al. (2006) für selbstbohrende Holzschrauben mit Vollgewinde.

4 Tragfähigkeit von Verbindungsmitteln bei Beanspruchung auf Herausziehen

4.1 Prüfverfahren

Die Tragfähigkeit von Schrauben und Nägeln, die axial belastet werden, ist abhängig von der Zugtragfähigkeit der Verbindungsmittel selbst und der Tragfähigkeit der Verbindungsmittel auf Herausziehen. Des Weiteren kann für das Bauteil, in dem sich der Kopf des Verbindungsmittels befindet, ein Versagen durch Kopfdurchziehen maßgebend werden. Einflussparameter auf die Tragfähigkeit von Verbindungsmitteln auf Herausziehen sind die Geometrie der Verbindungsmittel (Durchmesser, Gewinde- und Schaftausbildung), die Rohdichte der Holzbauteile und die wirksame Einschlag- bzw. Einschraubtiefe.

Versuche zur Ermittlung der Tragfähigkeit auf Herausziehen können für Prüfkörper aus Vollholz nach DIN EN 1382 durchgeführt werden. Zur Beschreibung der Herausziehtragfähigkeit wird in DIN EN 1382 der Ausziehparameter f_1 wie folgt definiert:

$$f_1 = \frac{F_{max}}{\ell_{ef} \cdot d} \quad \text{in N} \qquad (18)$$

mit

F_{max} Höchstlast aus Herausziehversuch in N

d Durchmesser des Verbindungsmittels in mm

ℓ_{ef} wirksame Einschraubtiefe/Einschlagtiefe in mm

Zur Durchführung von Ausziehversuchen in Brettsperrholz war es zunächst notwendig, die erforderlichen Prüfkörpergeometrien zu ermitteln. Hierzu wurden Einschlag- bzw. Einschraubversuche mit Nägeln und Schrauben durchgeführt.

Es zeigte sich, dass für Ausziehversuche mit Nägeln und Schrauben aus den Seitenflächen von Brettsperrhölzern die Randbedingungen aus der bestehenden Norm übernommen werden können. Die Faserrichtung der Decklagen sollte in Prüfkörperlängsrichtung verlaufen, um ein Aufreißen/Ausbrechen in den Decklagen beim Einschlagen zu vermeiden, siehe Bild 4-1.

Bei Ausziehversuchen aus den Schmalflächen müssen weitere Randbedingungen eingehalten werden, um ein Aufspalten der Prüfkörper zu verhindern. Dieses gilt insbesondere für eine Anordnung der Verbindungsmittel rechtwinklig zur Faserrichtung einer Brettlage. Bei Anordnung von Nägeln in Brettlagen geringer Dicke und gleichzeitig geringer Gesamtdicke des Brettsperrholzproduktes war ebenfalls häufig ein Versagen der Prüfkörper zu beobachten, wie in Bild 4-2 dargestellt.

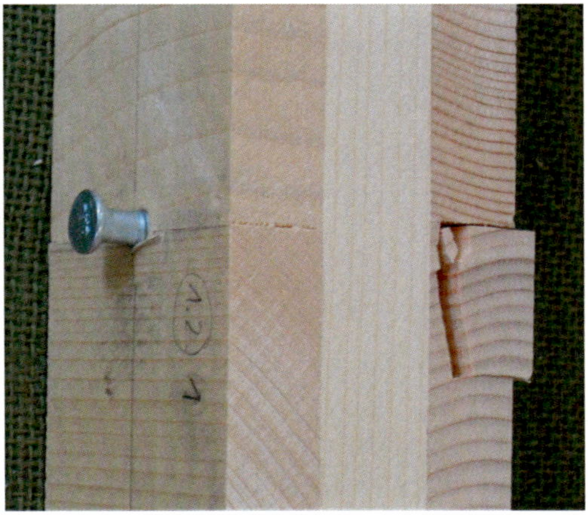

Bild 4-1 Einschlagversuch für Ausziehversuche mit Nägeln aus den Seitenflächen - Ausbrechen der Decklage beim Einbringen des VM

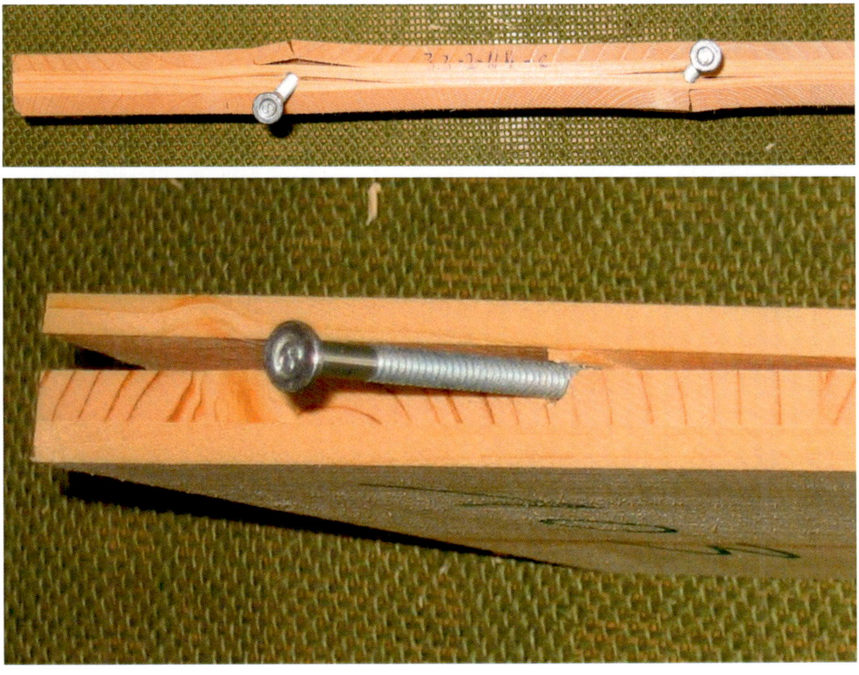

Bild 4-2 Aufspalten von Prüfkörpern beim Einschlagen von Nägeln

Um ein Aufspalten in den Schmalflächen zu verhindern, werden bei Anordnung der Verbindungsmittel im Hirnholz der maßgebenden, mittleren Brettlage folgende Bedingungen empfohlen (s. a. Bild 4-3):

- Prüfkörperbreite (entspricht der Dicke t des Brettsperrholzes):

  $t > 2{\cdot}3{\cdot}d$ für Nägel und $t > 2{\cdot}3{\cdot}d_K$ (d_K – Kerndurchmesser) für Schrauben

- Dicke der maßgebenden Brettlage:

  $t_{Brettlage} > 2{\cdot}d$ für Nägel und $t_{Brettlage} > 2{\cdot}d_K$ für Schrauben

Bei Anordnung in den Schmalflächen und rechtwinklig zur Faserrichtung der maßgebenden, mittleren Brettlage werden folgende Bedingungen vorgeschlagen (siehe auch Bild 4-3):

- Prüfkörperbreite (entspricht der Dicke t des Brettsperrholzes):

  $t > 2{\cdot}5{\cdot}d$ für Nägel und $t > 2{\cdot}5{\cdot}d_K$ (d_K – Kerndurchmesser) für Schrauben

- Dicke der maßgebenden Brettlage:

  $t_{Brettlage} > 2{\cdot}d$ für Nägel und $t_{Brettlage} > 2{\cdot}d_K$ für Schrauben

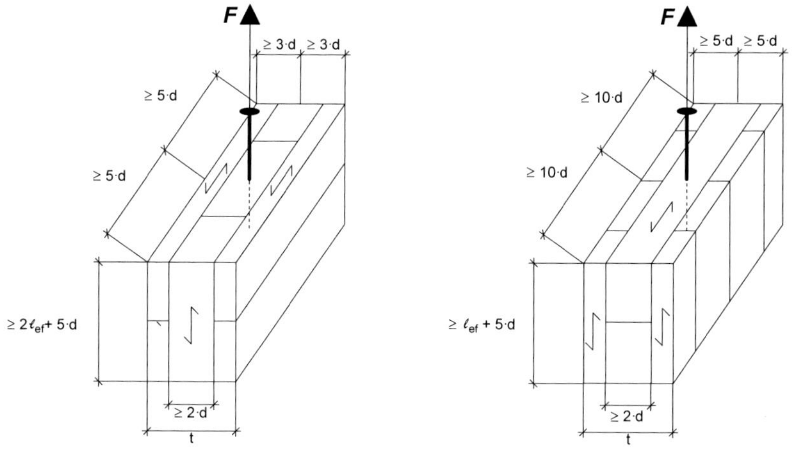

Stiftachse parallel zur Faserrichtung — Stiftachse rechtwinklig zur Faserrichtung

Bild 4-3 Erforderliche Prüfkörpergeometrien und Mindestabstände des Verbindungsmittels für Herausziehversuche in den Schmalseiten

In einem Prüfkörper können auch mehrere Verbindungsmittel hintereinander eingebracht werden. Dabei sollte der Abstand der Verbindungsmittel untereinander mindestens $10 \cdot d$ betragen.

4.2 Tragfähigkeit von VM in den Seitenflächen auf Herausziehen

4.2.1 Versuchsprogramm, Prüfanordnung und Versuchsdurchführung

In den Seitenflächen von Brettsperrhölzern können Verbindungsmittel auch in Fugen bzw. Nuten eingebracht werden. Eine gezielte Anordnung der Verbindungsmittel in Bereichen ohne Fugen kann in der Baupraxis nicht oder nur mit einem hohem Aufwand sichergestellt werden. Dieses bedeutet, dass die Auswirkung von Fugen bzw. Nuten auf die Tragfähigkeit von Verbindungsmitteln bei Beanspruchung auf Herausziehen berücksichtigt werden muss.

Bei den Versuchen in den Seitenflächen wurden hierzu vier Prüfanordnungen gewählt, wie in Bild 4-4 dargestellt. Die Versuchsdurchführung erfolgte in Anlehnung an DIN EN 1382.

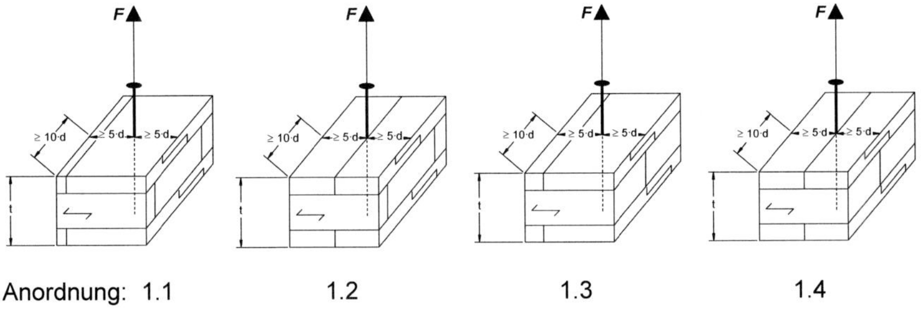

Bild 4-4 Prüfanordnungen zur Ermittlung der Tragfähigkeit bei Beanspruchung auf Herausziehen in den Seitenflächen von BSPH

Für die Versuche wurden bauaufsichtlich zugelassene, selbstbohrende Holzschrauben und Nägel der Tragfähigkeitsklasse III nach DIN 1052:1988 eingesetzt. Im Einzelnen wurden folgende Typen und Größen verwendet:

ABC Spax-S Teilgewindeschraube 6 x 120/68 mm

Würth ECOFAST ASSY II Teilgewindeschraube 8 x 160/80 mm

Würth ECOFAST ASSY II Teilgewindeschraube 12 x 120/80 mm u. 12 x 200/100 mm

OBO Bettermann N-Ankernägel 3,1 x 60 mm

BÄR S-Ankernägel 4,0 x 75 mm

BÄR Ankernägel 6,0 x 80 mm

Das Verhältnis zwischen Kern- und Außendurchmesser der Schrauben betrug je nach Typ zwischen 0,60 und 0,66. Eine Übersicht der Versuche mit Schrauben und Nägeln in den Seitenflächen ist in Tabelle 4-1 bzw. Tabelle 4-2 angegeben. Neben dem Verbindungsmitteldurchmesser und den verwendeten Brettsperrhölzern werden auch die wirksamen Einschraub- bzw. Einschlagtiefen ℓ_{ef} angegeben. Bei Versuchen in Mehrschichtplatten wurden die Verbindungsmittel soweit eingebracht, dass sich ihre Spitzen außerhalb der Platte befanden. Dieses Vorgehen ist analog zu Anhang E.2.3.6 der E DIN 1052:1999. Die Montage der Verbindungsmittel entspricht somit der späteren Anwendung. Durch das Austreten der Spitze kann z. B. eine Rissbildung in der Decklage auftreten. Die ggf. ungünstigen Einflüsse derartiger Effekte auf den Ausziehwiderstand werden somit erfasst. Bei der Auswertung der Versuche wird die gesamte wirksame Länge (incl. Spitzenlänge) berücksichtigt. Hierzu wird die Länge der Spitze zur wirksamen Länge (hier die Dicke der Platten) addiert. Damit wird die Vergleichbarkeit zu den Versuchen, bei denen die Verbindungsmittelspitze die Platten nicht durchdringt, sichergestellt. Bei Nägeln kann die Spitze nicht zur Ausziehtragfähigkeit beitragen. Bei Schrauben ist dieser Anteil als gering einzuschätzen. Ggf. wird somit die tatsächliche Ausziehtragfähigkeit geringfügig unterschätzt.

Die wirksamen Einschraub- bzw. Einschlagtiefen wurden für die Versuche so gewählt, dass die Spitze des Verbindungsmittels mindestens zwei und maximal fünf Brettlagen durchdringt. Die Verbindungsmittel sollten bis mindestens in die dritte Brettlage einbinden, um eine deutliche Reduzierung der Tragfähigkeit bei Anordnung in den Fugen zu vermeiden. Wird ein Verbindungsmittel im Fugenbereich einer Brettlage angeordnet, besteht so die Möglichkeit, dass es sich in der quer dazu angeordneten Brettlage in einem Bereich ohne Fugen bzw. in schmaleren Fugen befindet. Die Anordnung des Verbindungsmittels in einem Bereich mit Fugen in Längs- und Querlagen (Anordnung 1.4) weist die kleinste Auftretenswahrscheinlichkeit auf. Darüber hinaus ist es in Anordnung 1.4 sehr unwahrscheinlich, dass über die Eindringtiefe des Verbindungsmittels in mehreren Brettlagen gleichzeitig das 95%-Quantil der Fugenbreiten überschritten wird.

In den Versuchen sollten die Verbindungsmittel nicht mehr als fünf Brettlagen durchdringen, um konservative Werte für die Herausziehtragfähigkeit zu erhalten. Es ist anzunehmen, dass insbesondere die Tragfähigkeit von Verbindungsmitteln, die in den Fugen angeordnet werden, mit zunehmender Brettlagenanzahl positiv beeinflusst wird. Die Gründe hierfür liegen in der mit der Brettlagenanzahl zunehmenden Homogenisierung, die sich u. a. auf die Rohdichte und das Auftreten von Fugen bzw. die Fugenbreiten auswirkt.

Tabelle 4-1 Ausziehversuche mit Schrauben in den Seitenflächen von BSPH

Verbindungsmittel		BSPH	ℓ_{ef} in mm	Versuchsanzahl in Anordnung				Anzahl
Typ	*d* in mm			1.1	1.2	1.3	1.4	
Schrauben	6	2.1	50	6	6	6	6	24
	6	4.4	42[1] (51)	5	6	6	5	22
	8	1.2	76	6	6	6	6	24
	8	2.3	76	6	7	6	7	26
	12	2.3	100	6	6	5	6	23
			Gesamt:	29	31	29	30	119

[1] Schraubenspitze außerhalb der Plattenoberfläche

Tabelle 4-2 Ausziehversuche mit Nägeln in den Seitenflächen von BSPH

Verbindungsmittel		BSPH	ℓ_{ef} in mm	Versuchsanzahl in Anordnung				Anzahl
Typ	*d* in mm			1.1	1.2	1.3	1.4	
Nägel	3,1	1.2	50	3	3	3	4	13
	3,1	2.1	50	6	6	6	6	24
	3,1	3.1	17[1](20)	6	6	6	6	24
	4,0	1.2	50	6	5	11	12	34
	4,0	2.1	55	6	6	6	6	24
	4,0	3.1	17[1](21)	6	6	5	5	22
	6,0	2.1	60[1](66)	6	6	5	6	23
	6,0	4.4	42[1](48)	6	6	6	6	24
			Gesamt:	45	44	48	51	188

[1] Nagelspitze außerhalb der Plattenoberfläche

Für die Auswertung standen 119 Versuche mit Schrauben und 188 Versuche mit Nägeln zur Verfügung. Durch Äste oder Klebstoff in den Fugen zwischen den Brettern einer Brettlage kann die Tragfähigkeit eines Verbindungsmittels auf Herausziehen günstig beeinflusst werden. Diese Versuche wurden bei der Auswertung nicht berücksichtigt und sind in der Aufstellung (Tabelle 4-1 und Tabelle 4-2) nicht aufgeführt. Die Rohdichten der Prüfkörper für die Herausziehversuche sind in Tabelle 4-3 zusammengestellt. Die Häufigkeitsverteilung ist in Bild 4-5 dargestellt.

Tabelle 4-3 Prüfkörpereigenschaften, Herausziehversuche in den Seitenflächen

BSPH	Prüf-körper-anzahl	Rohdichte in kg/m³			Holzfeuchte in %	
		Mittelwert	Standard-abweichung	5%-Quantil	Mittelwert	Standard-abweichung
1.2	71	461	24,3	423	10,6	0,66
2.1, 2.3	144	429	26,2	387	11,5	0,42
3.1 4.4	92	458	29,6	419	10,2	0,68
Auswertung unter Berücksichtigung aller für die Regressionsanalyse verwertbaren Versuche						

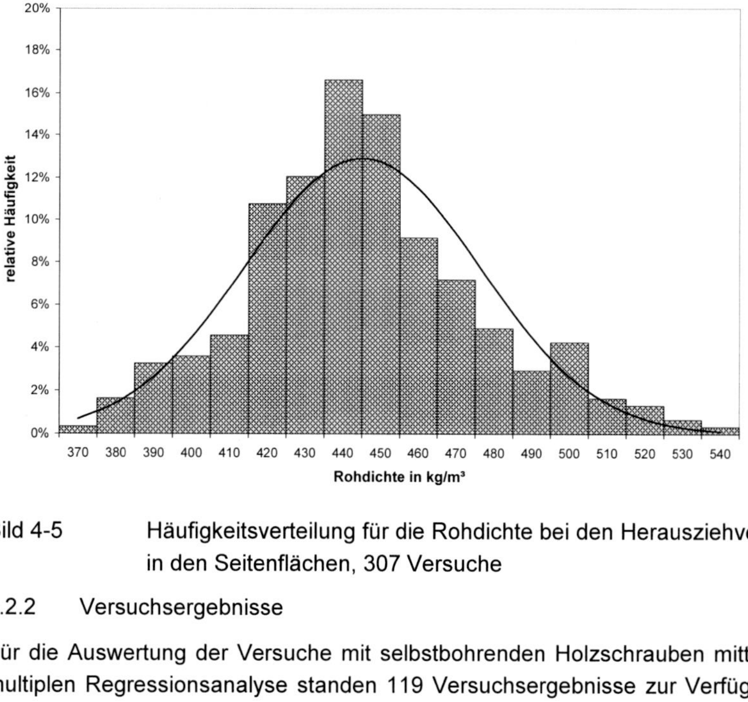

Bild 4-5 Häufigkeitsverteilung für die Rohdichte bei den Herausziehversuchen in den Seitenflächen, 307 Versuche

4.2.2 Versuchsergebnisse

Für die Auswertung der Versuche mit selbstbohrenden Holzschrauben mittels einer multiplen Regressionsanalyse standen 119 Versuchsergebnisse zur Verfügung. Die Tragfähigkeit der Schrauben auf Herausziehen wurde in Abhängigkeit der Parameter Durchmesser, Rohdichte und wirksame Einschraubtiefe analysiert.

Aufgrund der Plattendicke und der Eindringtiefen der Verbindungsmittel, die zwischen drei und fünf Brettlagen gewählt wurden, konnte die wirksame Einschraubtiefe in den Versuchen lediglich zwischen 8,3·d und 9,5·d variiert werden. Diese geringe Varianz lässt eine genaue Analyse des Einflusses der Einschraubtiefe im Rahmen einer multiplen Regressionsanalyse nicht zu. Daher wurde für die Regressionsuntersuchung der Einfluss der Einschraubtiefe für selbstbohrende Holzschrauben aus Blaß et al. (2006) übernommen. Für die Berechnung der Tragfähigkeit von selbstbohrenden Holzschrauben bei Beanspruchung auf Herausziehen konnte Gleichung (19) hergeleitet werden. Hiermit wird die beste Korrelation mit den Versuchsergebnissen erreicht.

$$R_{ax,s,pred} = 0{,}445 \cdot d^{0,77} \cdot \ell_{ef}^{0,91} \cdot \rho^{0,75} \quad \text{in N} \qquad (19)$$

mit

d Durchmesser des Verbindungsmittels in mm

ℓ_{ef} wirksame Einschraubtiefe in mm

ρ Rohdichte des BSPH in kg/m³

In Bild 4-6 sind die Höchstlasten der Herausziehversuche den mit Gleichung (19) berechneten Vorhersagewerten der Tragfähigkeit gegenübergestellt. Der Korrelationskoeffizient R beträgt 0,96. Die Gleichung der nach der Methode der kleinsten Abstandsquadrate ermittelten Regressionsgeraden ist im Bild 4-6 angegeben.

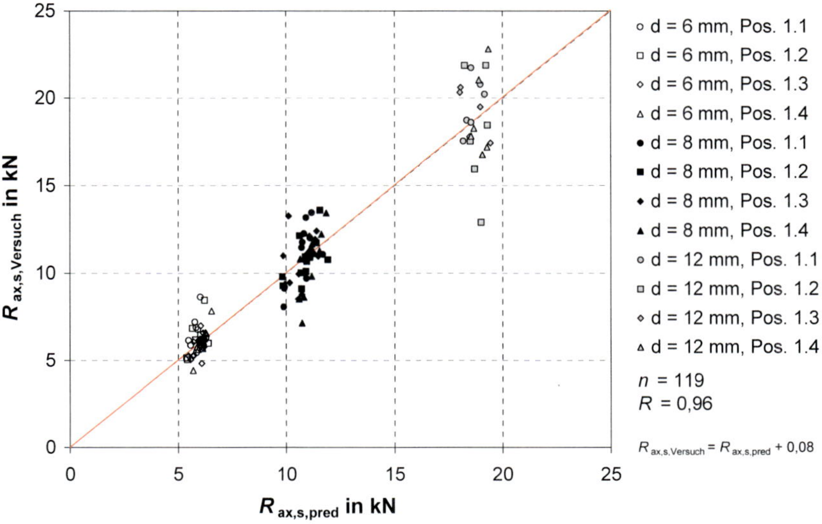

Bild 4-6 Herausziehtragfähigkeit von selbstbohrenden Schrauben - Vergleich zwischen Versuchsergebnissen und Vorhersagewerte nach Gl. (19)

Durch Vereinfachung ergibt sich aus Gleichung (19) die Gleichung (20), wobei der Korrelationskoeffizient bis auf zwei gültige Stellen identisch bleibt.

$$R_{ax,s,pred} = 0{,}435 \cdot d^{0,8} \cdot \ell_{ef}^{0,9} \cdot \rho^{0,75} \quad \text{in N} \tag{20}$$

Ein Vergleich zwischen Versuchswerten und mit Gleichung (20) berechneten Tragfähigkeiten ist in Bild 4-7 dargestellt.

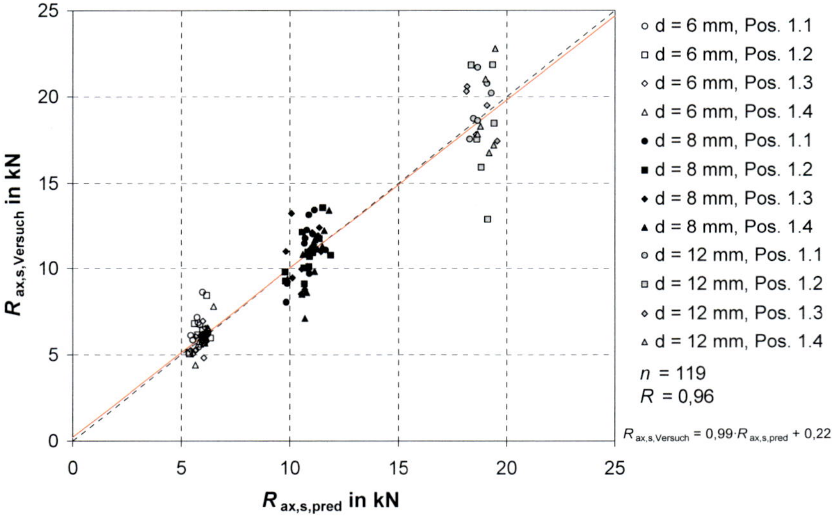

Bild 4-7 Herausziehtragfähigkeit von selbstbohrenden Schrauben - Vergleich zwischen Versuchsergebnissen und Vorhersagewerte nach Gl. (20)

Der Einfluss der Anordnung der Verbindungsmittel in Fugen auf die Herausziehtragfähigkeit wird in Bild 10-1 des Anhangs dargestellt. Als Bezugsrohdichte wurde die charakteristische Rohdichte ρ_k = 400 kg/m³ verwendet. Zur Korrektur der Ausziehparameter nach Gleichung (18) wurde der Einfluss der Rohdichte gemäß Gleichung (20) angenommen, so dass folgt:

$$f_{1,corr} = f_1 \left(\frac{\rho_k}{\rho} \right)^{0,75} \quad \text{in N/mm}^2 \tag{21}$$

In Tabelle 10-41 bis Tabelle 10-45 des Anhangs sind die Ergebnisse der Ausziehversuche mit Schrauben in den Seitenflächen zusammengestellt. Die Auswertung der Ausziehparameter wurde sowohl für jede Versuchsreihe als auch für die jeweiligen Anordnungen innerhalb der Versuchsreihen durchgeführt. Neben den Mittelwerten der Ausziehparameter aus den Versuchen und der Rohdichte sind die Mittel-, Kleinst- und Größtwerte der korrigierten Ausziehparameter aufgeführt. Des Weiteren wurden jeweils die charakteristischen Werte der Ausziehparameter in Anlehnung an Anhang C der DIN 1052 sowie an DIN EN 14358 bestimmt.

Für Schrauben des Durchmessers d = 6 mm ist eine deutliche Abnahme des Ausziehparameters durch die Anordnung in den Fugen des BSPH (hier 2.3) zu erkennen. Für BSPH ohne bzw. mit verklebten Fugen ist der Einfluss geringer. Für 8er Schrauben ist die Reduzierung des Ausziehparameters beim BSPH 2.3 nur noch in der Anordnung 1.4 ausgeprägt. Beim Produkt 1.2 zeigt sich ein größerer Einfluss in fast allen Anordnungen.

Wird vorausgesetzt, dass die Verbindungsmittel mindestens bis in die dritte Brettlage eingebracht werden, ist es möglich, die in 2.3.1 ermittelte charakteristische Rohdichte ρ_k = 400 kg/m³ für Brettsperrholz zu verwenden.

Eine Anpassung der Gleichung (20) führt zu folgendem Zusammenhang für charakteristische Tragfähigkeit der geprüften Schrauben bei Beanspruchung auf Herausziehen:

$$R_{ax,s,k} = 0{,}358 \cdot d^{0,8} \cdot \ell_{ef}^{0,9} \cdot \rho_k^{0,75} \cong 32 \cdot d^{0,8} \cdot \ell_{ef}^{0,9} \text{ in N} \quad (22)$$

In Bild 4-8 werden die charakteristischen Werte der Ausziehwiderstände im Vergleich zu den Versuchsergebnissen gezeigt.

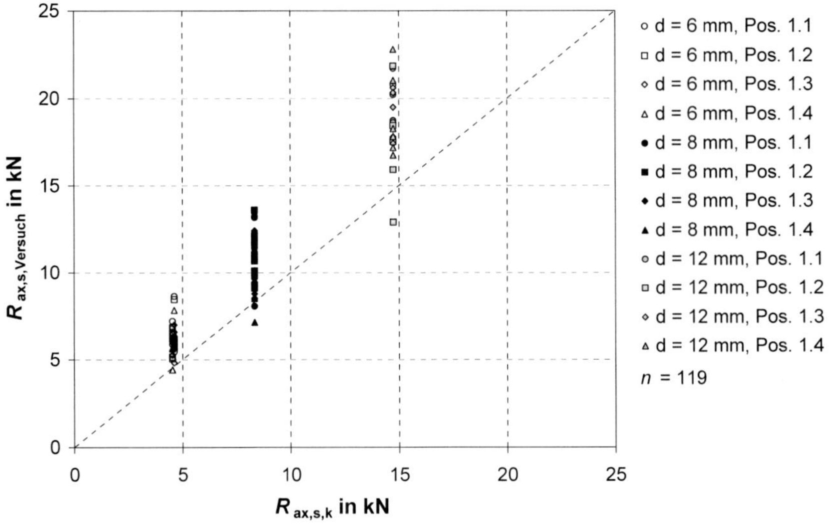

Bild 4-8 Vergleich zwischen Versuchsergebnissen und charakteristischen Werten der Ausziehtragfähigkeit nach Gleichung (22)

Zwischen den charakteristischen Ausziehparametern in Anlehnung an Anhang C der DIN 1052 für die einzelnen Versuchsreihen und den mit Gleichung (22) berechneten Werten zeigt sich eine gute Übereinstimmung, wie in Bild 10-2 des Anhangs dargestellt. Bei der Berechnung der charakteristischen Werte in Anlehnung an Anhang C der DIN 1052 bzw. DIN EN 14358 muss die Verteilung der Grundgesamtheit anhand der vorliegenden Versuchsergebnisse abgeschätzt werden. Je geringer die Versuchsanzahl ist, desto unsicherer ist diese Abschätzung. Die entsprechenden Beiwerte zur Berücksichtigung der Streuung sind daher von der Versuchsanzahl abhängig. Bei einer Auswertung der Versuche in den einzelnen Anordnungen einer Versuchsreihe ergeben sich bis zu einem Drittel geringere charakteristische Tragfähigkeiten. Gleichung (22) wurde am Regressionsmodell für die Grundgesamtheit aller Versuche ermittelt, so dass eine Einzelauswertung eo ipso geringere charakteristische Tragfähigkeiten liefern muss, siehe Bild 10-3 im Anhang (Abschnitt 10.4). Im Umkehrschluss ist die Gültigkeit von Gleichung (22) auf Verbindungen mit mehreren Verbindungsmitteln zu beschränken, da sie auf einer Auswertung aller Anordnungen beruht. Für ein einzelnes ungünstig angeordnetes Verbindungsmittel kann eine Abminderung der charakteristischen Tragfähigkeit gemäß Gleichung (22) auf das ca. 0,7- bis 0,8-fache notwendig werden.

Auf der Grundlage einer Regressionsanalyse der 188 Versuche mit Nägeln (Tragfähigkeitsklasse III) war es möglich, folgende Beziehung für die Tragfähigkeit bei Beanspruchung auf Herausziehen herzuleiten:

$$R_{\mathrm{ax,n,pred}} = 0{,}155 \cdot d^{0{,}61} \cdot \ell_{\mathrm{ef}} \cdot \rho^{0{,}8} \quad \text{in N} \tag{23}$$

Diese Gleichung lässt sich zur Gleichung (24) vereinfachen.

$$R_{\mathrm{ax,n,pred}} = 0{,}16 \cdot d^{0{,}6} \cdot \ell_{\mathrm{ef}} \cdot \rho^{0{,}8} \quad \text{in N} \tag{24}$$

Der Korrelationskoeffizient zwischen Vorhersagewerten nach Gleichung (24) und Versuchsergebnissen beträgt R = 0,92. Der Ordinatenabschnitt der Regressionsgeraden ergibt sich zu b = -0,0812 bei einer Steigung von m = 1,0462, wie in Bild 4-9 dargestellt.

In Bild 10-5 bis Bild 10-7 sind die Mittelwerte der korrigierten Ausziehparameter für die verschiedenen Anordnungen im Vergleich dargestellt. Die Ausziehparameter wurden auf eine Vergleichsrohdichte von 400 kg/m³ bezogen. Bei der Korrektur wurde der in Gleichung (23) ermittelte Einfluss der Rohdichte berücksichtigt, so dass für die korrigierten Ausziehparameter gilt:

$$f_{1,\mathrm{corr}} = f_1 \left(\frac{\rho_{\mathrm{k}}}{\rho} \right)^{0{,}8} = f_1 \left(\frac{400}{\rho} \right)^{0{,}8} \quad \text{in N/mm}^2 \tag{25}$$

Für Nägel mit einem Durchmesser von d = 6 mm konnte für die untersuchten Brettsperrhölzer kein Einfluss auf die Herausziehtragfähigkeit durch Positionierung in den Fugen festgestellt werden. Bereits aus den Darstellungen in Bild 4-9 sowie Bild 10-5 bis Bild 10-7 wird deutlich, dass im Fugenbereich angeordnete Nägel der Durchmesser 3,1 und 4 mm eine geringere Herausziehtragfähigkeit aufweisen. Bei BSPH 1.2 waren die Ausziehwiderstände insbesondere bei Positionierung der Nägel in den Nuten deutlich geringer als im ungestörten Bereich. In Brettsperrhölzern ohne planmäßige Fugen zwischen den Brettern (Mehrschichtplatten) wird die Tragfähigkeit durch die Anordnung von Nägeln mit d ≥ 4 mm im Stoßbereich nicht signifikant beeinflusst. Eine Auswertung der einzelnen Versuchsreihen ist in Tabelle 10-46 bis Tabelle 10-53 des Anhangs zusammengestellt.

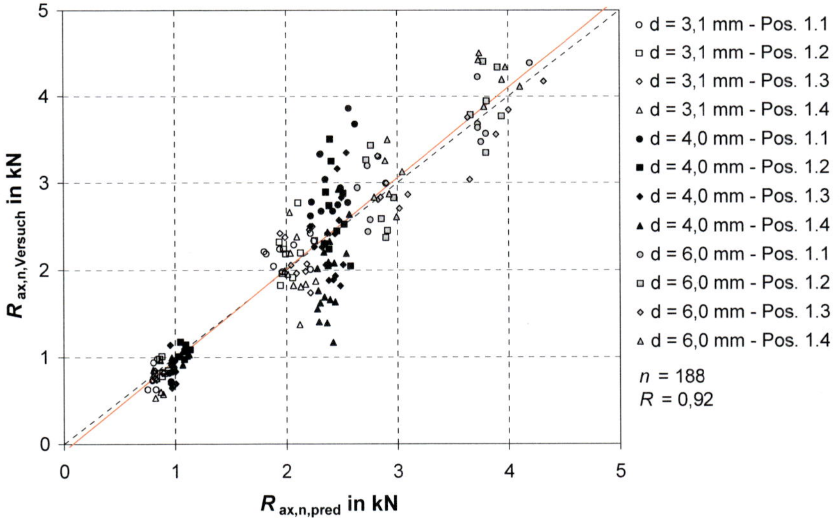

Bild 4-9 Herausziehtragfähigkeit von Nägeln - Vergleich zwischen Versuchsergebnissen und Vorhersagewerten nach Gleichung (24)

Zur Ermittlung einer Funktion der charakteristischen Tragfähigkeit für Nägel bei Beanspruchung auf Herausziehen wurde die charakteristische Rohdichte des BSPH in die Gleichung (24) eingesetzt und die Gleichung angepasst. Aufgrund der geringen Tragfähigkeiten bei Anordnung der Verbindungsmittel in den Fugen ist der Parameter p = 0,16 aus Gleichung (24) auf p = 0,117 abzumindern, um den 5%-Quantilwert nach Gleichung (26) zu erhalten.

$$R_{\text{ax,n,k}} = 0{,}117 \cdot d^{0,6} \cdot \ell_{\text{ef}} \cdot \rho_k^{0,8} \approx 14 \cdot d^{0,6} \cdot \ell_{\text{ef}} \quad \text{in N} \tag{26}$$

mit

ρ_k charakteristische Rohdichte des BSPH in kg/m³ (hier: 400 kg/m³)

Bild 10-8 und Bild 10-9 des Anhangs zeigen Vergleiche zwischen den charakteristischen Ausziehwiderständen aus einer Berechung mit Gleichung (26) und aus einer Auswertung in Anlehnung an Anhang C der DIN 1052.

Durch die Auswertung der Grundgesamtheit der Versuche wird die charakteristische Tragfähigkeit von Nägeln größerer Durchmesser (d = 6 mm) unterschätzt. Die Anordnung von Nägeln kleinerer Durchmesser in Fugen und Nuten erfordert die Anpassung einer allgemeinen Funktion für die Herausziehtragfähigkeit auf einem geringen Niveau. Des Weiteren zeigt die Auswertung, dass insbesondere Nägel des Durchmessers d ≤ 4 mm in Brettsperrhölzern, die über Fugen bzw. Nuten verfügen, in den ungünstigen Anordnungen teilweise sehr geringe Tragfähigkeiten aufweisen (siehe Bild 10-10). Die Anforderungen an die Ausziehparameter in der Tragfähigkeitsklasse 3 in Vollholz werden für einige BSPH nicht mehr erfüllt. Es ist ggf. notwendig, diese Verbindungsmittel in eine andere Tragfähigkeitsklasse einzugruppieren oder ihren Einsatz einzuschränken. Nägel eines Durchmessers d < 4 mm sollten nicht in den Seitenflächen von Brettsperrhölzern mit Fugen und Nuten eingebracht und auf Herausziehen beansprucht werden.

4.3 Tragfähigkeit von VM in den Schmalflächen auf Herausziehen

4.3.1 Versuchsprogramm, Prüfanordnung und Versuchsdurchführung

In den Schmalflächen von Brettsperrhölzern können Verbindungsmittel sowohl parallel als auch rechtwinklig zur Faserrichtung einer Brettlage angeordnet werden. Des Weiteren ist es möglich, dass sich Verbindungsmittel in Fugen/Stößen zwischen zwei Brettern einer Brettlage bzw. zwischen zwei Brettlagen befinden. Die verschiedenen Möglichkeiten, Verbindungsmittel in den Schmalflächen von BSPH zu positionieren, wurden bei den Versuchen zur Ermittlung der Ausziehtragfähigkeit berücksichtigt.

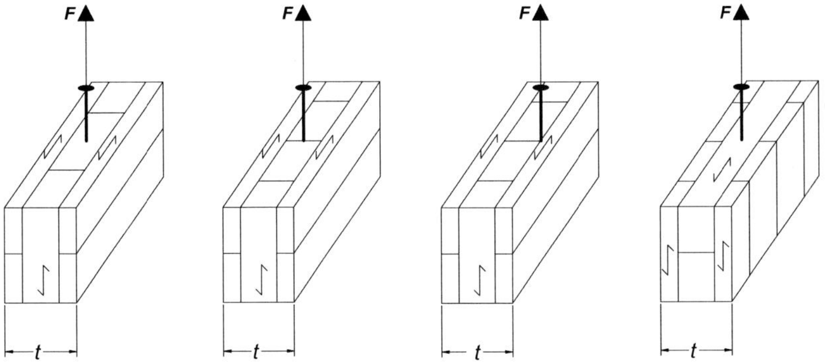

Anordnung: A B.1 B.2 C

Bild 4-10 Prüfanordnungen zur Ermittlung der Tragfähigkeit bei Beanspruchung auf Herausziehen in den Schmalflächen von BSPH

Eine Übersicht der Versuche mit Schrauben ist in Tabelle 4-4 zusammengestellt. Die Konfigurationen der Versuche mit Nägeln der Tragfähigkeitsklasse III (gem. DIN 1052:1988) sind in Tabelle 4-5 dokumentiert. In den Tabellen ist neben dem Durchmesser des Verbindungsmittels, Angaben zum BSPH und zur wirksamen Eindringtiefe des VM auch die jeweilige Anzahl der Versuche in den unterschiedlichen Prüfanordnungen aufgeführt.

In der Anordnung B.2 befindet sich die Hälfte des wirksamen angerollten Schaftes bzw. des Gewindes der Verbindungsmittel in einer Brettlage, deren Faserrichtung rechtwinklig zur Stiftachse verläuft. Aus Vorversuchen ergab sich, dass Prüfanordnung B.2 gegenüber Anordnung B.1 nicht maßgebend wird. Daher wurden im Versuchsprogramm nur einige bestätigende Versuche vorgesehen.

Die Eigenschaften der Prüfkörper für die Ausziehversuche mit Schrauben und Nägeln sind in Tabelle 4-6 aufgeführt. Hierbei werden Rohdichte und Holzfeuchte auf den gesamten Querschnitt des Prüfkörpers bezogen. In Bild 4-7 wird die Rohdichte für die Brettlage bzw. Brettlagen angegeben, in die das Verbindungsmittel eingebracht wurde. Eine Häufigkeitsverteilung der Rohdichte der maßgebenden Brettlage ist in Bild 4-11 dargestellt.

Tabelle 4-4 Ausziehversuche mit Schrauben in den Schmalflächen von BSPH

Verbindungsmittel		BSPH	ℓ_{ef}	Versuchsanzahl in Anordnung				Anzahl
Typ	*d* in mm		in mm	A	B.1	B.2	C	
Schrauben	6	2.1	50	20	10	5	19	54
	6	4.4	50	21	11	-	20	52
	8	1.2	76	19	10	6	22	57
	8	2.3	76	23	12	4	22	61
	12	2.3	100	17	11	(3)	16	44
			Gesamt:	100	54	15	99	268

Tabelle 4-5 Ausziehversuche mit Nägeln in den Schmalflächen von BSPH

Verbindungsmittel		BSPH	ℓ_{ef}	Versuchsanzahl in Anordnung				Anzahl
Typ	*d* in mm		in mm	A	B.1	B.2	C	
Nägel	3,1	1.2	50	7	6	-	4	17
	3,1	2.1	31	12	12	-	9	33
	3,1	2.1	50	11	11	-	11	33
	3,1	3.1	50	19	18	-	-	37
	4,0	1.2	50	18	19	-	21	58
	4,0	2.1	50	19	12	-	20	51
	4,0	3.1	50	-	11	-	-	11
	6,0	2.1	48	21	11	12	-	44
	6,0	2.1	60	-	-	-	20	20
	6,0	4.4	48	19	-	12	-	31
			Gesamt:	126	100	24	85	335

Tabelle 4-6 Prüfkörpereigenschaften, Herausziehversuche in den Schmalflächen

BSPH	Prüfkörperanzahl	Rohdichte in kg/m³			Holzfeuchte in %	
		Mittelwert	Standardabweichung	5%-Quantil	Mittelwert	Standardabweichung
1.2	132	468	18,4	431	10,1	0,33
2.1, 2.3	340	433	17,0	405	11,5	0,48
3.1 4.4	131	465	17,0	436	10,5	0,93
Auswertung unter Berücksichtigung aller für die Regressionsanalyse verwertbaren Versuche						

Tabelle 4-7 Rohdichte der maßgebenden Brettlage der Prüfkörper für Herausziehversuche in den Schmalflächen

BSPH	Prüfkörperanzahl	Rohdichte in kg/m³		
		Mittelwerte	Standardabweichung	5%-Quantil
1.2	132	455	42,2	381
2.1, 2.3	340	419	48,9	344
3.1 4.4	131	445	45,5	364
Auswertung unter Berücksichtigung aller für die Regressionsanalyse verwertbaren Versuche				

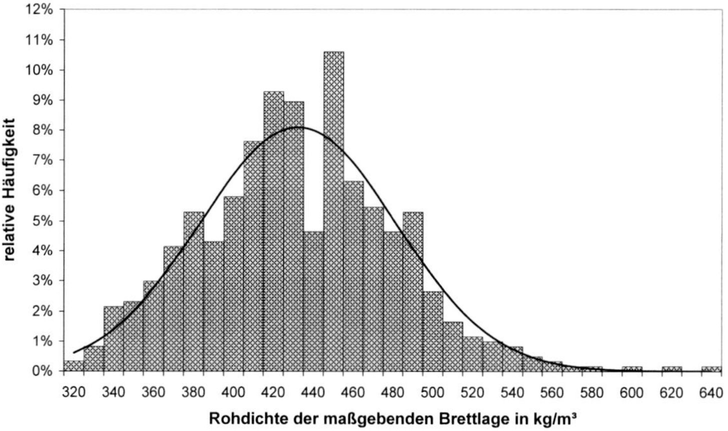

Bild 4-11 Häufigkeitsverteilung für die Rohdichte der maßgebenden Brettlagen bei Herausziehversuche in den Schmalflächen, 603 Versuche

4.3.2 Versuchsergebnisse

Funktionen zur Berechnung von Vorhersagewerten der Herausziehtragfähigkeit von Schrauben und Nägeln in den Seitenflächen werden in den Gleichungen (20) und (24) angegeben. Um die Tragfähigkeit in den Schmalflächen zu berücksichtigen, werden diese jeweils erweitert. Hierzu wird ε als Winkel zwischen Stiftachse des Verbindungsmittels und der Faserrichtung eingeführt. Hierdurch ist es möglich, die Versuche in den Seitenflächen der Anordnungen 1.1 bis 1.4 (ε = 90°) sowie die Versuche in den Schmalflächen Anordnungen A, B (ε = 0°) und C (ε = 90°) gemeinsam zu erfassen.

Es ist zu beachten, das die Gültigkeit der Regressionsgleichung auf die Winkel ε = 0° und ε = 90° beschränkt bleibt, da andere Winkel zwischen Stiftachse und Faserrichtung bei den experimentellen Untersuchungen nicht berücksichtigt wurden.

Für Schrauben konnte aus der Gleichung (20) auf der Grundlage von 119 Versuchen in den Seitenflächen und 268 Versuchen in den Schmalflächen die Gleichung (27) für die Berechnung der Ausziehtagfähigkeit entwickelt werden.

$$R_{\mathrm{ax,s,pred}} = \frac{0{,}44 \cdot d^{0{,}8} \cdot \ell_{\mathrm{ef}}^{0{,}9} \cdot \rho^{0{,}75}}{1{,}25 \cdot \cos^2 \varepsilon + \sin^2 \varepsilon} \quad \text{in N} \qquad (27)$$

mit

ε Winkel zwischen Stiftachse und Faserrichtung (ε = 0° oder ε = 90°)

ρ Seitenfläche: Rohdichte des BSPH in kg/m³
Schmalfläche: Rohdichte der maßgebenden Brettlage in kg/m³

In den maßgebenden Anordnungen (A, B.1) der Schmalflächen beträgt die Herausziehtragfähigkeit der untersuchten selbstbohrenden Holzschrauben ungefähr 80% der Tragfähigkeit in den Seitenflächen bzw. der Anordnung C in den Schmalflächen. In Bild 4-12 ist ein Vergleich von Versuchsergebnissen und Vorhersagewerten dargestellt. Auf der Ordinate sind die in den Ausziehversuchen aus Seiten- und Schmalflächen ermittelten Tragfähigkeiten aufgetragen. Bei den Abszissenwerten handelt es sich um Vorhersagewerte nach Gleichung (27). Der Korrelationskoeffizient beträgt R = 0,91. Die Regressionsgerade wird durch eine Steigung von m = 0,93 und einen Ordinatenabschnitt von b = 0,96 beschrieben.

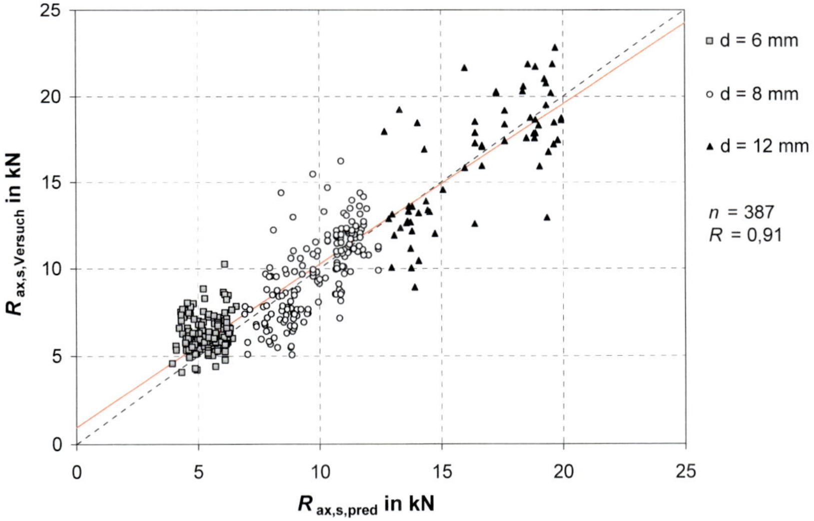

Bild 4-12 Schrauben in Seiten- und Schmalflächen - Vergleich der Herausziehtragfähigkeit aus Versuchen und Berechnung nach Gleichung (27)

Um den charakteristischen Wert der Tragfähigkeit zu erhalten, ist eine Anpassung der Gleichung (27) zur Gleichung (28) erforderlich.

$$R_{ax,s,k} = \frac{0,35 \cdot d^{0,8} \cdot \ell_{ef}^{0,9} \cdot \rho_k^{0,75}}{1,35 \cdot \cos^2 \varepsilon + \sin^2 \varepsilon} \quad \text{in N} \qquad (28)$$

mit

ρ_k maßgebende charakteristische Rohdichte in kg/m³
Seitenfläche: ρ_k = 400 kg/m³, Schmalfläche: ρ_k = 350 kg/m³

In Gleichung (28) ist die jeweils für die Anordnung maßgebende charakteristische Rohdichte einzusetzen. Bei Anordnung der Verbindungsmittel in den Seitenflächen beträgt diese 400 kg/m³. Für Verbindungsmittel in den Schmalflächen ist die charakteristische Rohdichte der maßgebenden Brettlage zu verwenden, welche für die betrachteten BSPH zu 350 kg/m³ angenommen werden kann.

Zur Vereinfachung kann der Unterschied der charakteristischen Rohdichten für die verschiedenen Anordnungen durch Änderung des Parameters im Nenner von p = 1,35 auf p = 1,5 berücksichtigt werden, so dass gilt:

$$R_{\text{ax,s,k}} = \frac{0{,}35 \cdot d^{0{,}8} \cdot \ell_{\text{ef}}^{0{,}9} \cdot \rho_{\text{k}}^{0{,}75}}{1{,}5 \cdot \cos^2 \varepsilon + \sin^2 \varepsilon} \approx \frac{31 \cdot d^{0{,}8} \cdot \ell_{\text{ef}}^{0{,}9}}{1{,}5 \cdot \cos^2 \varepsilon + \sin^2 \varepsilon} \quad \text{in N} \tag{29}$$

mit

ρ_{k} charakteristische Rohdichte des BSPH in kg/m³ (hier: 400 kg/m³)

Die Gleichungen (28) und (29) wurden so angepasst, dass das 5%-Quantil der Tragfähigkeit jeweils in den relevanten Anordnungen (Seitenfläche, Schmalfläche Anordnung A und B sowie Schmalfläche Anordnung C) erfüllt wird. In Bild 4-13 sind die Versuchsergebnisse den charakteristischen Tragfähigkeiten gegenüber aufgetragen. Das 5%-Quantil der Tragfähigkeit wird durch die Gerade repräsentiert.

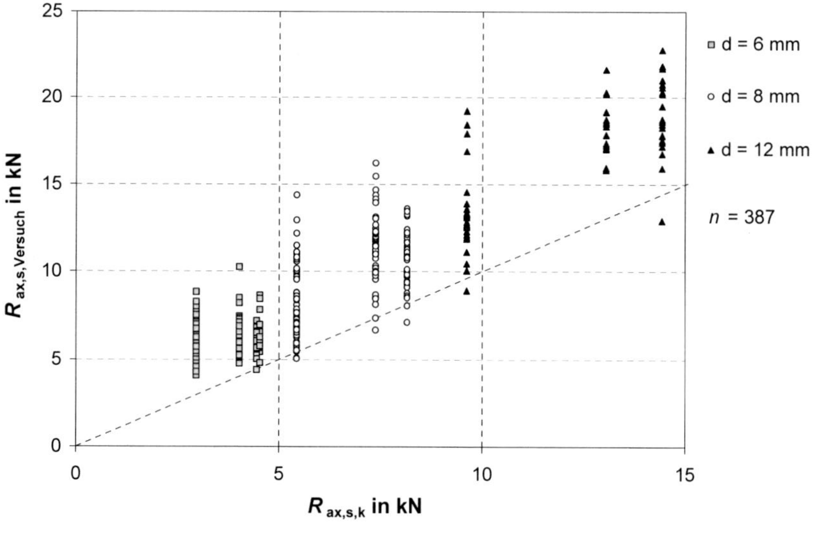

Bild 4-13 Schrauben in Seiten- und Schmalflächen – Gegenüberstellung Versuchsergebnisse und charakteristische Werte nach Gleichung (29)

Unter Berücksichtigung von 335 Versuchen zur Ermittlung der Ausziehwiderstände von Nägeln mit profilierten Schäften aus den Schmalflächen wird Gleichung (24) erweitert. Mit Gleichung (30) ist es möglich, die Herausziehtragfähigkeit der verwendeten Nägel für die Seiten- und Schmalflächen zu berechnen. Für Verbindungen in den Schmalflächen ist in Gleichung (30) die Rohdichte der jeweils maßgebenden Brettlage einzusetzen.

$$R_{ax,n,pred} = \frac{0{,}16 \cdot d^{0{,}6} \cdot \ell_{ef} \cdot \rho^{0{,}8}}{3{,}1 \cdot \cos^2 \varepsilon + \sin^2 \varepsilon} \text{ in N} \qquad (30)$$

mit

ε Winkel zwischen Stiftachse und Faserrichtung der maßgebenden Brettlage (ε = 0° oder ε = 90°)

ρ Seitenfläche: Rohdichte des BSPH in kg/m³,
Schmalfläche: Rohdichte der maßgebenden Brettlage in kg/m³

Die Tragfähigkeit in den maßgebenden Anordnungen (A, B.1) der Schmalflächen beträgt demnach rund ein Drittel der Tragfähigkeit in den Seitenflächen bzw. der nicht maßgebenden Anordnung C. Zur Verifizierung der Gleichung (30) sind im Bild 4-14 die Versuchsergebnisse gegenüber den Vorhersagewerten $R_{ax,n,pred}$ aufgetragen. Der Korrelationskoeffizient beträgt R = 0,95. Die Steigung der Regressionsgeraden beträgt m = 1,01 bei einem Achsenabschnitt von b = - 0,02.

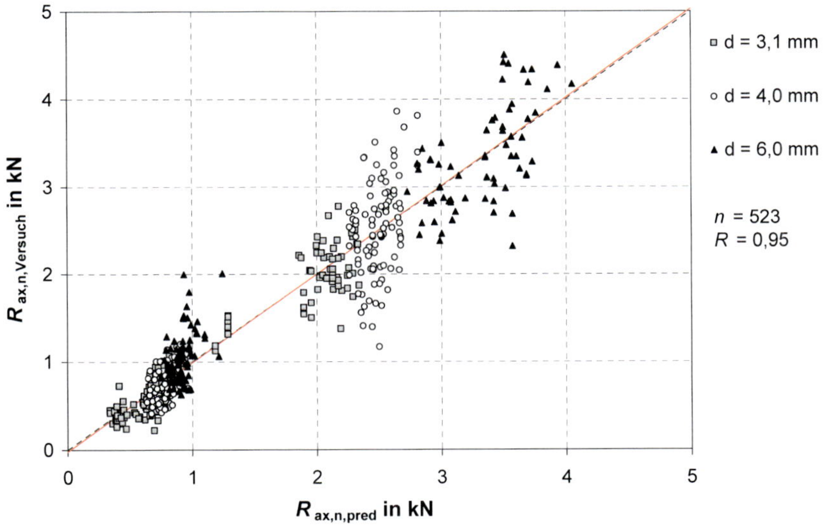

Bild 4-14 Herausziehtragfähigkeit von Nägeln in Seiten- und Schmalflächen, Versuchsergebnisse über Vorhersagewerte nach Gleichung (30)

Eine Auswertung von Gleichung (30) führt für Brettsperrhölzer mit ρ_k = 400 kg/m³ auf den folgenden Zusammenhang für den charakteristischen Ausziehwiderstand:

$$R_{ax,n,k} = \frac{14 \cdot d^{0,6} \cdot \ell_{ef}}{3,7 \cdot \cos^2 \varepsilon + \sin^2 \varepsilon} \quad \text{in N} \tag{31}$$

Durch die allgemeine Funktion für den Ausziehwiderstand gemäß Gleichung (31) werden Nägel größerer Durchmesser mit sehr konservativen Tragfähigkeiten berücksichtigt. Hierfür liegt der Grund in der geringen Tragfähigkeit von Nägeln kleinerer Durchmesser in den Fugen, wie bereits in Abschnitt 4.2.2 festgestellt.

Für Nagelverbindungen in den Schmalflächen von BSPH liegen keine Erfahrungen zum Einfluss der Lasteinwirkungsdauer auf die Tragfähigkeit vor. Es wird jedoch ein ähnliches Verhalten wie bei Verbindungen im Hirnholz von Voll- oder Brettschichtholz erwartet. Daher wird empfohlen, keine tragenden Nagelverbindungen in den Schmalflächen von BSPH auszuführen.

4.4 Vergleiche zur Tragfähigkeit von Schrauben in Vollholz

Um die in den Versuchen erreichten Ausziehtragfähigkeiten beurteilen zu können, werden diese mit vorliegenden Versuchsergebnissen für Vollholz verglichen.

Im Rahmen von Forschungsvorhaben wurden an der Universität Karlsruhe (TH), Lehrstuhl für Ingenieurholzbau und Baukonstruktionen, selbstbohrende Holzschrauben mit Vollgewinde untersucht (Blaß et al. (2006) und Bejtka (2005)). Für diese Schrauben kann die Herausziehtragfähigkeit unter Berücksichtigung des Winkels zwischen Schraubenachse und Faserrichtung nach Gleichung (32) berechnet werden.

$$R_{ax} = \frac{0{,}6 \cdot d^{0{,}5} \cdot \ell_{ef}^{0{,}9} \cdot \rho^{0{,}8}}{1{,}2 \cdot \cos^2 \varepsilon + \sin^2 \varepsilon} \quad \text{in N} \tag{32}$$

mit

ε Winkel zwischen Stiftachse und Faserrichtung

Der charakteristische Wert kann nach Blaß und Bejtka gemäß Gleichung (33) ermittelt werden. Dieser Zusammenhang ist inzwischen auch in die europäische Normung (Eurocode 5) eingegangen.

$$R_{ax,k} = \frac{0{,}52 \cdot d^{0{,}5} \cdot \ell_{ef}^{0{,}9} \cdot \rho^{0{,}8}}{1{,}2 \cdot \cos^2 \varepsilon + \sin^2 \varepsilon} \quad \text{in N} \tag{33}$$

In Bild 10-16 bis Bild 10-19 sowie Bild 4-15 bis Bild 4-17 werden die Ausziehtragfähigkeiten von selbstbohrenden Holzschrauben in Brettsperrholz und in Vollholz miteinander verglichen. Die Vergleiche werden sowohl auf dem Niveau der Erwartungswerte der Ausziehtragfähigkeit nach Gleichung (27) und (32) als auch auf dem Niveau der charakteristischen Werte nach Gleichung (29) und (33) geführt. Für jedes Wertepaar werden die gleichen wirksamen Einschraubtiefen vorausgesetzt. Die Erwartungswerte der Herausziehtragfähigkeit sind für Schrauben mit $d \leq 8$ mm in BSPH geringer als in Vollholz. Für größere Durchmesser ist die Tragfähigkeit in BSPH größer als in Vollholz. Insgesamt besteht eine ähnliche Abhängigkeit von den betrachteten Parametern.

Auf dem Niveau der charakteristischen Tragfähigkeiten sind die Unterschiede wesentlich größer. Die charakteristische Tragfähigkeit von Schrauben in Vollholz kann in BSPH erst ab einem Durchmesser von 12 mm für rechtwinklig zur Faser eingedrehte Schrauben erreicht werden. Bei faserparalleler Anordnung der Schraubenachse ist die charakteristische Tragfähigkeit auch für Schrauben des Durchmessers d = 12 mm geringer. Diese Differenzen sind durch den Einfluss der Fugen auf die Ausziehtragfähigkeit zu erklären, welcher insbesondere bei den charakteristischen Werten berücksichtigt werden musste.

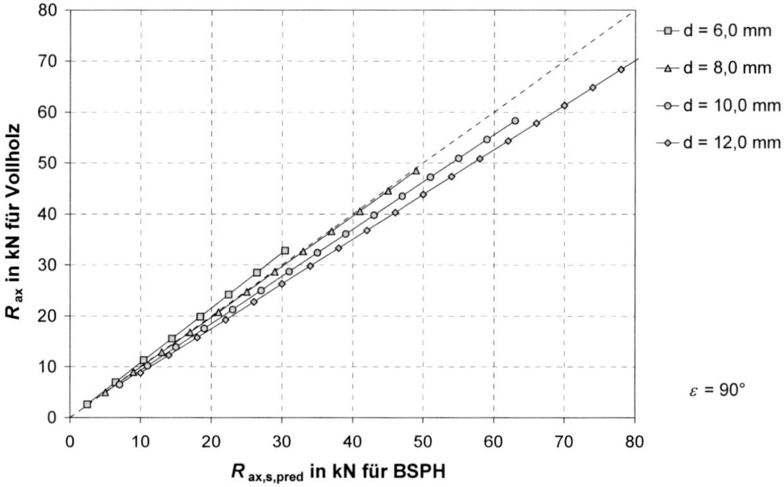

Bild 4-15 Erwartungswerte der Ausziehwiderstände von selbstbohrenden Schrauben für Vollholz und BSPH im Vergleich, ρ = 430 kg/m³, ε = 90°

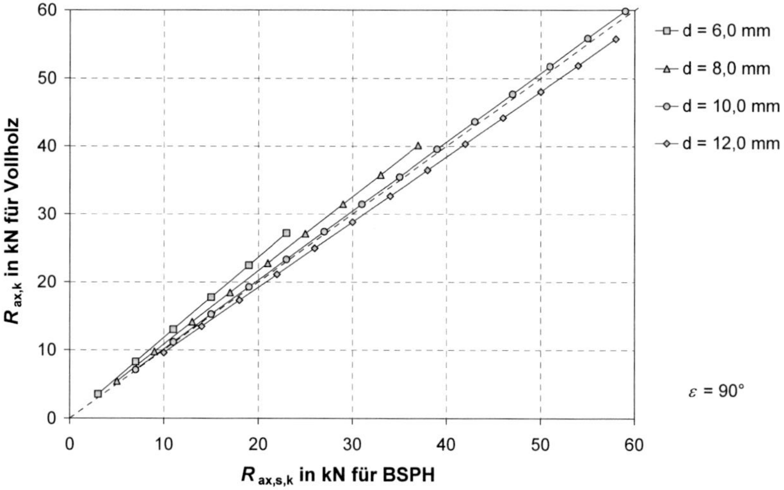

Bild 4-16 Charakteristische Werte der Herausziehtragfähigkeit von selbstbohrenden Schrauben für Vollholz und BSPH im Vergleich, ρ_k = 400 kg/m³, ε = 90°

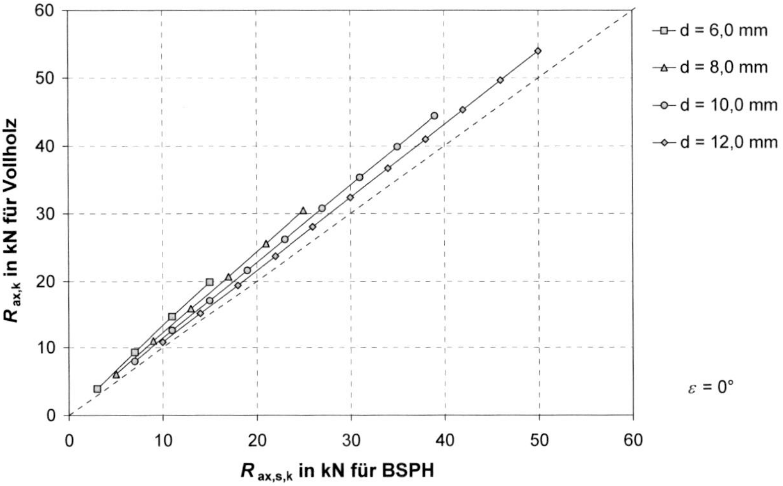

Bild 4-17 Charakteristische Werte der Herausziehtragfähigkeit von selbstbohrenden Schrauben für Vollholz und BSPH im Vergleich, $\rho_{k,BSPH}$ = 400 kg/m³, $\rho_{k,VH}$ = 350 kg/m³ , ε = 0°

5 Untersuchungen mit Verbindungsmitteln in OSB-Platten

5.1 Motivation

Neuere Entwicklungen haben gezeigt, dass hochwertige OSB-Platten ähnlich wie Brettsperrholz eingesetzt werden können, wenn mehrere OSB-Platten aufeinander geklebt werden. Zur Verbindung von Bauteilen aus OSB-Platten können ebenso wie bei Brettsperrholz Verbindungsmittel in den Schmalflächen angeordnet werden. Daher wurden im Rahmen dieses Forschungsvorhabens ergänzende Versuche zur Ermittlung der Lochleibungsfestigkeit und der Ausziehtragfähigkeit von Verbindungsmitteln in den Schmalflächen von OSB-Platten vorgesehen. Hiermit sollte gezeigt werden, inwiefern sich für Brettsperrholz angepasste Prüfverfahren zur Ermittlung dieser Parameter auf andere Holzwerkstoffe übertragen lassen.

Die für die Versuche verwendeten OSB-Flachpressplatten verfügten über einen dreischichtigen Aufbau. Die Flachspanschichten sind symmetrisch zur Plattenmittelebene angeordnet. Die Außenschichtspäne werden planmäßig längsorientiert. Die Mittelschichtspäne werden rechtwinklig dazu (querorientiert) gestreut. Die verwendeten Platten stammten aus unterschiedlichen Herstellchargen und wiesen eine Solldicke von 25 mm auf. Sie wurden im Prüflabor der Versuchsanstalt für Stahl, Holz und Steine auf die erforderlichen Prüfkörperdicken aufeinander geklebt.

5.2 Lochleibungsversuche in den Schmalflächen von OSB-Platten

Die Geometrie der Prüfkörper für die Lochleibungsversuche in den Schmalflächen wurde in Anlehnung an DIN EN 383 gewählt. Vorversuche zeigten, dass die Prüfkörper bei Belastung in Plattenebene ($\beta = 0°$ gemäß Bild 5-4) aufspalten können, siehe Bild 5-1 (links). Dieses erfordert wie bei BSPH eine Verstärkung der Prüfkörper. Als Verstärkungselemente wurden aufgeklebte Furnierstreifen oder Vollgewindeschrauben eingesetzt, welche die Querzugkräfte aufnehmen, die rechtwinklig zur Plattenebene entstehen. Verstärkte Prüfkörper sind in Bild 5-2 und Bild 5-3 dargestellt.

Darüber hinaus konnte auch bei Versuchen mit Belastung rechtwinklig zur Plattenebene eine Rissbildung bzw. ein Aufspalten infolge der Querzugbeanspruchung beobachtet werden. Ein derartiges Versagen ist in Bild 5-1 (rechts) dokumentiert.

Bei Schrauben und Nägeln trat bereits beim Einbringen (ohne Vorbohren) in die Schmalseiten eine Rissbildung bzw. ein Aufspalten auf. Dieses Versagen wurde verhindert, indem Verstärkungselemente bereits vor der Montage der Verbindungsmittel angeordnet wurden.

Bild 5-1 Versagen durch Aufspalten bei unverstärkten Prüfkörpern

Bild 5-2 Durch Vollgewindeschrauben verstärkter Prüfkörper für Lochleibungsversuche in Schmalflächen von OSB

Bild 5-3 Prüfkörper mit Verstärkung durch Furnierstreifen

Bedingt durch den geschichteten Aufbau der OSB-Platten sind bei den Lochleibungsversuchen die Anordnung der Verbindungsmittel und die Belastungsrichtung in Bezug zur Orientierungsrichtung der Späne im Bereich des Verbindungsmittels zu berücksichtigen. Die Achse eines Verbindungsmittels kann rechtwinklig oder parallel zur Orientierungsrichtung der Außenschichtspäne angeordnet werden. Die Belastung ist sowohl parallel als auch rechtwinklig zur Orientierung der Außenschichtspäne möglich. Entsprechend kann die Beanspruchung in der Plattenebene oder rechtwinklig dazu erfolgen. Hieraus ergeben sich vier Kombinationsmöglichkeiten für die Versuchsdurchführung. Die möglichen Prüfanordnungen und ihre entsprechenden Definitionen werden in Bild 5-4 veranschaulicht.

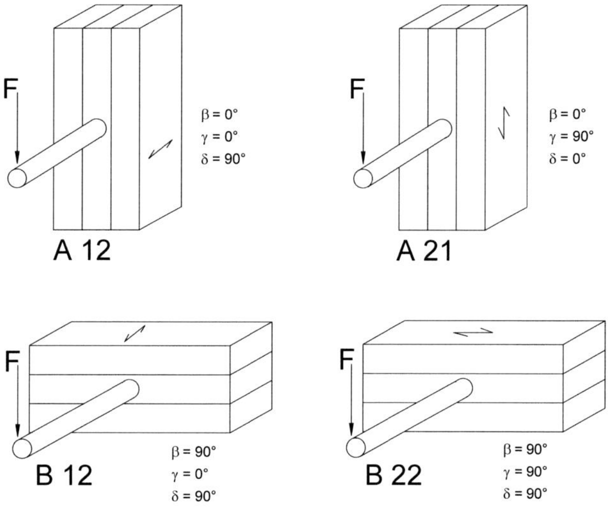

β: Winkel zwischen Belastungsrichtung und Plattenebene

γ: Winkel zwischen Stiftachse und Orientierungsrichtung der Außenschichtspäne

δ: Winkel zwischen Belastungsrichtung und Orientierungsrichtung der Außenschichtspäne

Bild 5-4 Definition der Prüfanordnungen in den Schmalflächen von OSB-Platten

Insgesamt wurden jeweils 40 Versuche mit Stabdübeln (d = 16 mm), bauaufsichtlich zugelassenen Schrauben (Würth ECOFAST ASSY II, d = 8 mm) und glattschaftigen, blanken Drahtstiften (d = 4,2 mm) durchgeführt.

Eine Übersicht über die geprüften Varianten ist in Tabelle 5-1 dargestellt. Die Versuchsbezeichnungen ergeben sich aus der Kombination von Verbindungsmitteltyp,

Verbindungsmitteldurchmesser, Belastungsrichtung und Verbindungsmittelanordnung.

Tabelle 5-1 Lochleibungsversuche in den Schmalflächen von OSB-Platten

Verbindungsmittel		Belastungsrichtung		Verbindungsmittelanordnung		Bezeichnung	Anz.
Typ	*d* in mm		β in °	γ in °	δ in °		
SDü	16	A	0	0	90	S16-A12	10
SDü	16	A	0	90	0	S16-A21	10
SDü	16	B	90	0	90	S16-B12	10
SDü	16	B	90	90	90	S16-B22	10
Sr	8	A	0	0	90	Sr8-A12	10
Sr	8	A	0	90	0	Sr8-A21	10
Sr	8	B	90	0	90	Sr8-B12	10
Sr	8	B	90	90	90	Sr8-B22	10
Na	4,2	A	0	0	90	N4-A12	10
Na	4,2	A	0	90	0	N4-A21	10
Na	4,2	B	90	0	90	N4-B12	10
Na	4,2	B	90	90	90	N4-B22	10

Zum Vergleich wurden die Lochleibungsfestigkeiten der unterschiedlichen Versuchsreihen mit der jeweiligen Rohdichte normiert. In Bild 5-5 bis Bild 5-7 sind der Mittelwert, der Kleinstwert und der Höchstwert in den unterschiedlichen Prüfanordnungen für die verschiedenen Verbindungsmittel dargestellt.

Bei den Versuchen mit Nägeln und Schrauben konnten nach der Versuchsdurchführung teilweise plastische Verformungen der Verbindungsmittel beobachtet werden. Hieraus folgt, dass sich die gemessene Gesamtverschiebung sowohl aus Verformungsanteilen durch Lochleibungsbeanspruchung als auch aus der Biegebeanspruchung des stiftförmigen Verbindungsmittels zusammensetzt. Bei allen Versuchen mit OSB-Platten betrug die Prüfkörperdicke $t = 4 \cdot d$. Durch Wahl geringerer Prüfkörperdicken kann eine plastische Verformung des Verbindungsmittels verhindert werden.

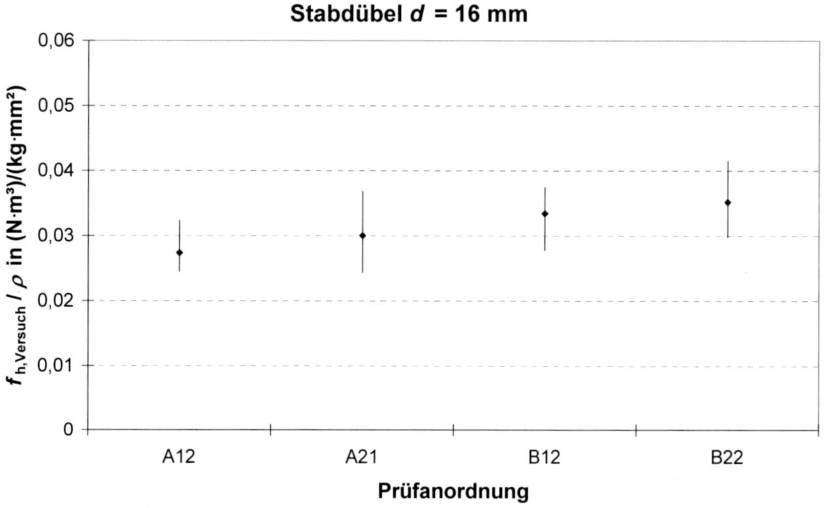

Bild 5-5 Mittelwert, Kleinstwert und Höchstwert der Lochleibungsfestigkeit in den Schmalflächen von OSB-Platten für Stabdübel

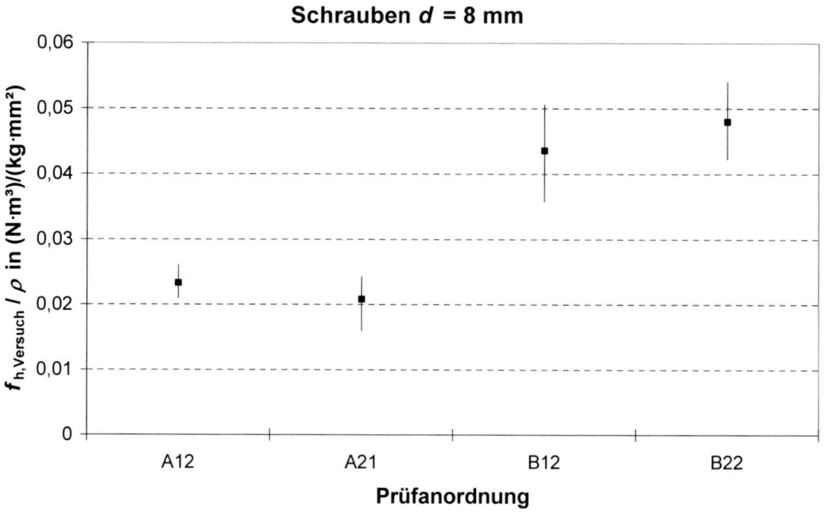

Bild 5-6 Mittelwert, Kleinstwert und Höchstwert der Lochleibungsfestigkeit in den Schmalflächen von OSB-Platten für Schrauben

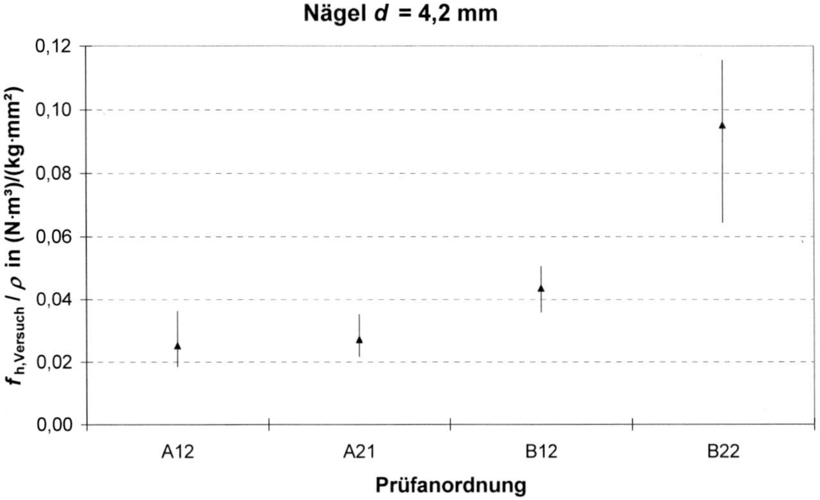

Bild 5-7 Mittelwert, Kleinstwert und Höchstwert der Lochleibungsfestigkeit in den Schmalflächen von OSB-Platten für Nägel

5.3 Ausziehtragfähigkeit in den Schmalflächen von OSB-Platten

Zur Verifizierung des modifizierten Prüfverfahrens für die Ermittlung der Ausziehtragfähigkeit wurden insgesamt 40 Versuche mit Nägeln und Schrauben vorgesehen. Um Versuche zur Ermittlung der Tragfähigkeit auf Herausziehen zu ermöglichen, wurden drei OSB-Platten aufeinander geklebt, siehe Bild 5-8. Hierdurch wird ein Aufspalten der Platten beim Einbringen der Verbindungsmittel behindert und eine Beeinflussung des Ausziehwiderstandes durch zu geringe Abstände zum Plattenrand reduziert.

Bild 5-8 Prüfkörper für Versuche zur Ermittlung der Ausziehtragfähigkeit von Schrauben in den Schmalflächen von OSB-Platten

Die Verbindungsmittel wurden in der Mittelebene der Platte eingebracht. Auch bei den Ausziehversuchen wurde die Anordnung der Verbindungsmittel variiert. Die Stiftachse kann parallel zur Orientierung der Außenschichtspäne (γ = 0°) oder rechtwinklig dazu (γ = 90°) eingebracht werden. Die Abstände der Verbindungsmittel zu den Plattenrändern und der Abstand der Verbindungsmittelspitze zur Prüfkörperoberfläche wurden in Anlehnung an DIN EN 383 gewählt. Eine Übersicht der Versuchskonfigurationen ist in Tabelle 5-2 aufgeführt.

Tabelle 5-2 Versuche zur Ermittlung der Ausziehtragfähigkeit in den Schmalflächen von OSB-Platten

Verbindungsmittel		wirksame Eindringtiefe	Verbindungs-mittelanordnung	Bezeichnung	Anz.
Typ	d in mm	ℓ_{ef} in mm	γ in °		
Sr	8	69	0	Sr8-1	10
Sr	8	69	90	Sr8-2	10
Na	4,2	24	0	Na4-1	10
Na	4,2	24	90	Na4-2	10

Aus den Versuchen wurden die Ausziehparameter in Anlehnung an DIN EN 1382 bestimmt. Aufgrund der geringen Versuchsanzahl und der wenigen Versuchsparameter ist die Durchführung einer Regressionsanalyse nicht sinnvoll. Daher wurden für eine vergleichende Auswertung der Versuchsergebnisse die Ausziehparameter korrigiert. Hierzu wurde ein linearer Einfluss der Rohdichte unterstellt und eine Bezugsrohdichte von $\rho = 640$ kg/m³ verwendet. Dieser Wert entspricht ungefähr der mittleren Rohdichte ($\rho_{mean} = 643$ kg/m³) des Versuchsmaterials. Die Ergebnisse dieser Auswertung sind in Bild 5-9 und Bild 5-10 dargestellt. Bei Anordnung der Verbindungsmittel rechtwinklig zur Orientierung der Außenschichtspäne werden geringfügig höhere Tragfähigkeiten erreicht.

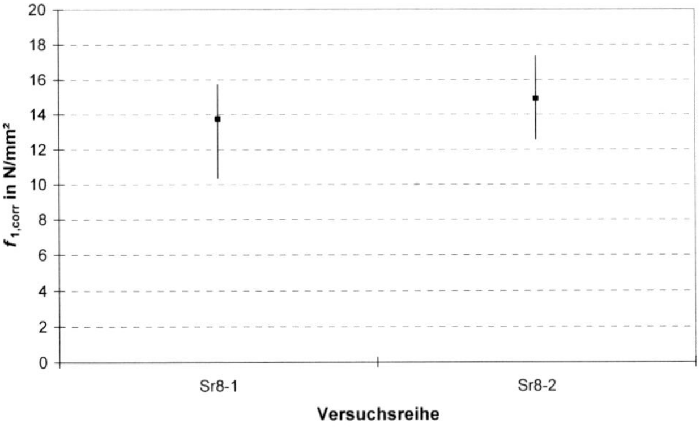

Bild 5-9 Mittelwert, Kleinstwert und Höchstwert der korrigierten Ausziehparameter für Schrauben in den Schmalflächen von OSB-Platten

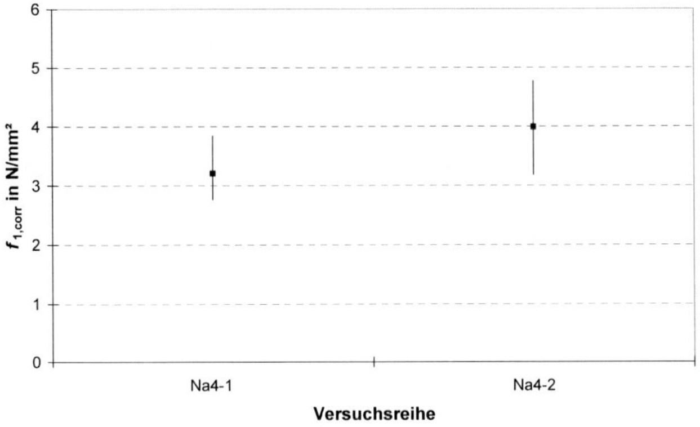

Bild 5-10 Mittelwert, Kleinstwert und Höchstwert der korrigierten Ausziehparameter für Nägel in den Schmalflächen von OSB-Platten

5.4 Allgemeine Verwendbarkeit der modifizierten Prüfverfahren

Die allgemeine Verwendbarkeit modifizierter Prüfverfahren zur Ermittlung der Lochleibungsfestigkeit und der Ausziehtragfähigkeit von Verbindungsmitteln in den Schmalflächen von Holzwerkstoffen sollte nachgewiesen werden. Die bei den Versuchen mit BSPH gewonnen Erkenntnisse zur Anpassung der bekannten Prüfverfahren nach DIN EN 383 und DIN EN 1382 sollten hierzu auf Versuche mit Verbindungsmitteln in OSB-Platten übertragen werden.

Die in Abschnitt 5.2 und Abschnitt 5.3 dokumentierten Versuche zeigten, dass bereits das Einbringen von Verbindungsmitteln ohne Vorbohren in den Schmalseiten von OSB-Platten zu Rissbildungen bzw. Aufspalten der Prüfkörper führen kann.

Dieses kann verhindert werden, indem mehrere Platten aufeinander geklebt werden und so die Prüfkörperbreite erhöht wird. Des Weiteren konnte gezeigt werden, dass auch bei OSB-Platten Querzugverstärkungen ausreichen, um Versuche in den Schmalflächen durchführen zu können. Hier eignen sich insbesondere Furnierstreifen, die auf die Platten aufgeklebt werden. Das Aufkleben der Verstärkungselemente auf die Schmalseiten der OSB-Platten bereitete keine Probleme.

Darüber hinaus war es möglich, Vollgewindeschrauben als Querzugverstärkung anzuordnen. Hierauf wurde bei BSPH verzichtet, da zu befürchten war, dass bei den geringen Prüfkörperdicken in den Decklagen Spaltrissbildungen auftreten können.

Da bei den Lochleibungsversuchen mit Schrauben und Nägeln teilweise bleibende Biegeverformungen der Verbindungsmittel zu beobachten waren, wird empfohlen, geringere Prüfkörperdicken zu wählen.

OSB-Platten weisen im Vergleich zu BSPH eine andere Struktur auf. Hieraus folgt, dass sich die Randbedingungen, welche für die Versuchsdurchführung mit Brettsperrhölzern ermittelt wurden, nur bedingt auf OSB-Platten übertragen lassen. Jedoch konnte gezeigt werden, dass sich Verstärkungsmaßnahmen für Versuche in den Schmalflächen anderer Holzwerkstoffe übertragen lassen. Die Eignung dieser Verfahren sollte jedoch aufgrund der strukturellen Unterschiede der verschiedenen Holzwerkstoffe für den jeweiligen Anwendungsfall geprüft werden.

6 Tragfähigkeit von Verbindungen in Brettsperrholz

6.1 Berechnungsmodelle für Verbindungen in Brettsperrholz

6.1.1 Allgemeines

Die Tragfähigkeit von Holz-Holz- bzw. Stahlblech-Holz-Verbindungen mit auf Abscheren beanspruchten stiftförmigen Verbindungsmitteln kann nach der Theorie von Johansen (1949) berechnet werden, s. a. Hilson (1995). Die Traglast ist dabei von der Lochleibungsfestigkeit der zu verbindenden Bauteile, vom Fließmoment der Verbindungsmittel und von der Geometrie der Verbindung abhängig. Es wird vereinfacht ein ideal-plastisches Verhalten des Holzes unter Lochleibungsbeanspruchung und des Verbindungsmittels unter Biegebeanspruchung angenommen. Zur Berechnung der Tragfähigkeit von Verbindungen mit stiftförmigen Verbindungsmitteln wird die Theorie von Johansen auf die Anwendung in Brettsperrholz übertragen. Bei der Berechnung der Tragfähigkeit ist zwischen der Anordnung der Verbindungsmittel in den Seitenflächen und in den Schmalflächen zu differenzieren.

6.1.2 Verbindungen in den Seitenflächen

Für Verbindungen in den Seitenflächen von Brettsperrholz sind genauere Betrachtungen für einen geeigneten Ansatz der Lochleibungsfestigkeit notwendig. Bei Voll-, Brettschichtholz und homogeneren Holzwerkstoffen wird die Lochleibungsfestigkeit innerhalb eines Bauteils in Richtung der Stiftachse des Verbindungsmittels als konstant angenommen.

Bei Brettsperrholz trifft dieses nur auf Verbindungen mit Schrauben und Nägeln zu, die ohne Vorbohren eingebracht werden. Die Lochleibungsfestigkeit ist hier unabhängig vom Winkel zwischen Kraft- und Faserrichtung. Die Tragfähigkeit der Verbindungsmittel kann direkt mit einer entlang der Stiftachse gleichmäßig verteilten Lochleibungsfestigkeit berechnet werden.

Für andere Verbindungsmittel wie Stabdübel, Passbolzen und Bolzen ist die Lochleibungsfestigkeit abhängig vom Winkel zwischen Kraft- und Faserrichtung. Aufgrund der kreuzweise verklebten Brettlagen liegen für diese Verbindungsmittel entlang der Stiftachse abschnittsweise unterschiedliche Lochleibungsfestigkeiten vor.

Für einige Anwendungen, bei denen unterschiedliche Lochleibungsfestigkeiten innerhalb eines Bauteils vorliegen, wurde die Johansen-Theorie bereits erweitert, um die Tragfähigkeit von Verbindungen zu berechnen. Dieses trifft z. B. auf mit aufgeklebten Holzwerkstoffplatten oder mit Nagelplatten verstärkten Verbindungen zu. Entsprechende modifizierte Johansen-Gleichungen zur Berechnung der Tragfähigkeit von Verbindungen wurden von Blaß und Werner (1988), Werner (1993), Blaß et al. (2001) hergeleitet. Des Weiteren liegen auch bei Anschlüssen durch Holzwerkstoffplatten oder Luftschichten hindurch, wie sie im Holztafelbau vorzufinden sind, unterschiedliche Lochleibungsbeanspruchungen entlang der Stiftachse vor. Für diese Anwendungen werden von Blaß und Laskewitz (2000) Gleichungen zur Ermittlung der Verbindungsmitteltragfähigkeit auf der Grundlage der Annahmen von Johansen angegeben.

Für eine im Rahmen der Theorie von Johansen analytisch genaue Herleitung der Tragfähigkeit von Stabdübeln in Brettsperrholz müssen für jede einzelne Brettlage unterschiedliche Lochleibungsfestigkeiten angesetzt werden. Diese sind für einen bestimmten Verbindungsmitteldurchmesser vom Winkel zwischen Kraft und Faserrichtung sowie von der Rohdichte der Brettlage abhängig. Um die Anzahl möglicher Versagensfälle einzuschränken, wird vereinfachend angenommen, dass die Lochleibungsfestigkeit von Brettlagen gleicher Orientierung identisch ist. Das bedeutet, dass die Variation der Rohdichte über den Gesamtquerschnitt des Brettsperrholzes vernachlässigt wird.

Im Versagensmechanismus 1 nach Johansen liegt eine reine Lochleibungsbeanspruchung über die gesamte Bauteildicke vor. Die Versagensmechanismen 2 und 3 sind durch die Ausbildung von Fließgelenken im Verbindungsmittel gekennzeichnet. Die Tragfähigkeit der Verbindung ist abhängig von der Lage der Fließgelenke. Die Anzahl der zu untersuchenden Versagensfälle innerhalb eines Versagensmechanismus wird durch die Anzahl der Brettlagen des Brettsperrholzes bestimmt.

Für den Versagensmechanismus 1 kann die in den Versuchen ermittelte Lochleibungsfestigkeit angesetzt werden. Die in den Versuchen ermittelte Lochleibungsfestigkeit für Brettsperrholz ist die Summe der Lochleibungsfestigkeiten der einzelnen Brettlagen, welche mit der Brettdicke gewichtet werden, siehe Gleichung (34). Am Beispiel eines dreilagigen Brettsperrholzes ist dieser Zusammenhang in Bild 6-1 dargestellt.

$$f_\mathrm{h} = \frac{1}{t} \cdot \sum_{i=1}^{n} f_{\mathrm{h},\mathrm{i}} \cdot t_\mathrm{i} \quad \text{in } \frac{\mathrm{N}}{\mathrm{mm}^2} \tag{34}$$

mit

f_h	Lochleibungsfestigkeit des Brettsperrholzes in N/mm²
$f_{\mathrm{h,i}}$	Lochleibungsfestigkeit der i-ten Brettlage in N/mm²
t_i	Dicke der i-ten Brettlage in mm
t	Gesamtdicke des Brettsperrholzes in mm
n	Anzahl der Brettlagen

Für die Berechnung der Versagensmechanismen 2 und 3 werden die Lochleibungsfestigkeiten $f_{\mathrm{h,i}}$ der einzelnen Brettlagen benötigt. Eine Herleitung dieser Lochleibungsfestigkeiten ist sowohl analytisch als auch durch Versuche nur näherungsweise möglich. Einflüsse durch Anordnung der Verbindungsmittel in den Fugen oder durch die Absperrwirkung der kreuzweise verklebten Brettlagen lassen sich nur schwer erfassen. Folglich führt eine lagengewichtete Addition von an Einzelbrettern ermittelten Lochleibungsfestigkeiten wie z. B. in Gleichung (15) angegeben zu einer Unterschätzung der mittleren Lochleibungsfestigkeit des Brettsperrholzes. Eine Näherung für die Lochleibungsfestigkeit einer einzelnen Brettlage ist in Gleichung (35) angegeben. Sie wurde auf der Grundlage von Gleichung (2) abgeleitet und ist somit in deren Gültigkeitsbereich empirisch am Gesamtquerschnitt abgesichert. Allerdings wird die Rohdichteverteilung für die Einzelbretter vernachlässigt, da Gleichung (2) mit den Rohdichten des Gesamtquerschnitts hergeleitet wurde.

$$f_{\mathrm{h,i,pred}} = \frac{0{,}032 \cdot (1 - 0{,}015 \cdot d) \cdot \rho^{1{,}2}}{1{,}6 \cdot \sin^2\alpha + \cos^2\alpha} \quad \text{in } \frac{\mathrm{N}}{\mathrm{mm}^2} \tag{35}$$

Im Rahmen der getroffenen Annahmen kann aus Gleichung (35) basierend auf Gleichung (5) die charakteristische Lochleibungsfestigkeit einer Brettlage nach Gleichung (36) ermittelt werden.

$$f_{\mathrm{h,i,k}} = \frac{38{,}5 \cdot (1 - 0{,}015 \cdot d)}{1{,}6 \cdot \sin^2\alpha + \cos^2\alpha} \quad \text{in } \frac{\mathrm{N}}{\mathrm{mm}^2} \tag{36}$$

Im Folgendem wird exemplarisch die Tragfähigkeit einer Stahlblech-BSPH-Verbindung hergeleitet. Es wird ein Brettsperrholz mit einem Aufbau aus drei Brettlagen betrachtet. Für Stahlblech-BSPH-Verbindungen sind drei grundlegende Versagensmechanismen zu untersuchen.

Für den Versagensmechanismus 1 kann die Tragfähigkeit direkt mit der im Abschnitt 3.2 hergeleiteten Lochleibungsfestigkeit für BSPH berechnet werden, wie in Gleichung (37) angegeben. Der Versagensmechanismus ist in Bild 6-1 dargestellt.

$$R_1 = f_{\mathrm{h}} \cdot d \cdot t_1 \quad \text{in N} \tag{37}$$

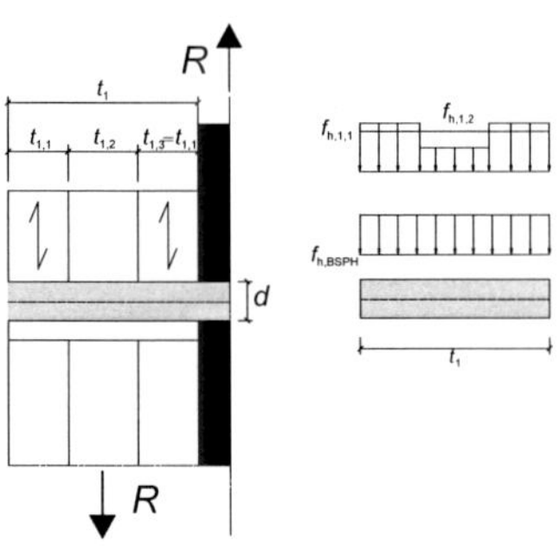

$$f_{\mathrm{h}} = \frac{1}{t_1} \cdot \sum_{i=1}^{n} f_{\mathrm{h,1,i}} \cdot t_{1,i}$$

Bild 6-1 Versagensmechanismus 1 für eine Stahlblech-BSPH-Verbindung

Im Versagensmechanismus 2 sind theoretisch zwei Versagensfälle und im Versagensmechanismus 3 drei Versagensfälle möglich. Für diese Versagensfälle ist es notwendig, die Lochleibungsfestigkeiten der einzelnen Brettlagen (z. B. nach Gleichung (35)) zu berücksichtigen.

Der Versagensmechanismus 2 ist gekennzeichnet durch die Ausbildung eines Fließgelenkes pro Scherfuge und einer Lochleibungsbeanspruchung. Die Tragfähigkeit ist abhängig vom Abstand *x* zwischen Drehpunkt und Scherfuge. Für ein dreilagiges Brettsperrholz ergeben sich je nach Lage des Drehpunktes die in Bild 6-2 dargestellten Versagensmechanismen 2.1 und 2.2.

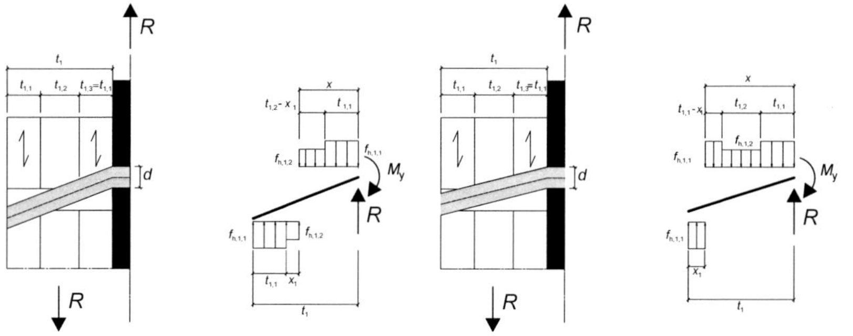

Vm. 2.1 Vm. 2.2

Bild 6-2 Versagensmechanismen 2.1 und 2.2 für eine Stahlblech-BSPH-Verbindung mit einem dreilagigen Brettsperrholz

Unter Verwendung der Substitutionen

$$\beta_{1,1,2} = \frac{f_{h,1,2}}{f_{h,1,1}} \tag{38}$$

und

$$\psi = \frac{t_{1,1}}{t_1} \tag{39}$$

ergibt sich die Tragfähigkeit im Versagensmechanismus 2.1 pro Scherfuge zu:

$$R_2 = f_{h,1,1} \cdot d \cdot t_1 \cdot \left[\sqrt{2} \cdot \sqrt{\beta_{1,1,2} \cdot \left(\beta_{1,1,2} \cdot \left(2 \cdot \psi^2 - 2 \cdot \psi + 1 \right) + 2 \cdot \psi \left(1 - \psi \right) + \frac{2 \cdot M_y}{f_{h,1,1} \cdot d \cdot t_1^2} \right)} - \beta_{1,1,2} \right] \tag{40}$$

für ψ gemäß der Bedingung nach Gleichung (41).

$$\psi \leq \frac{1}{2} \cdot \left(\beta_{1,1,2} + 1 - \sqrt{\beta_{1,1,2}^2 + 1 + \frac{4 \cdot M_y}{f_{h,1,1} \cdot d \cdot t_1^2}} \right) \tag{41}$$

Die Tragfähigkeit im Versagensmechanismus 2.2 beträgt:

$$R_2 = f_{h,1,1} \cdot d \cdot t_1 \cdot \left[\sqrt{2} \cdot \sqrt{\psi \cdot (2 \cdot \beta_{1,1,2} - 2) + 2 - \beta_{1,1,2} + \frac{2 \cdot M_y}{f_{h,1,1} \cdot d \cdot t_1^2}} + 2 \cdot \psi + \beta_{1,1,2} \cdot (1 - 2 \cdot \psi) - 2 \right] \quad (42)$$

für ψ gemäß der Bedingung nach Gleichung (43).

$$\psi \geq \frac{1}{2} \cdot \left(\beta_{1,1,2} + 1 - \sqrt{\beta_{1,1,2}^2 + 1 + \frac{4 \cdot M_y}{f_{h,1,1} \cdot d \cdot t_1^2}} \right) \quad (43)$$

Im Versagensmechanismus 3 bilden sich im Verbindungsmittel 2 Fließgelenke pro Scherfuge aus. Die Tragfähigkeit ist abhängig von der Lage des zweiten Fließgelenkes. Für ein BSPH mit drei Brettlagen sind drei Versagensmechanismen möglich, wie in Bild 6-3 gezeigt.

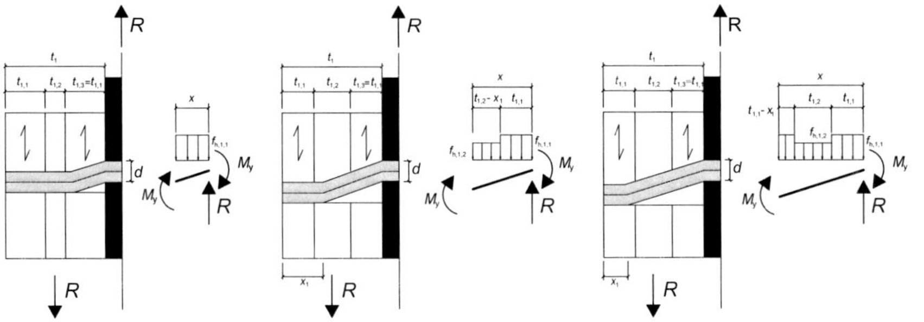

Vm. 3.1 Vm. 3.2 Vm. 3.3

Bild 6-3 Versagensmechanismen 3.1 bis 3.3 für eine Stahlblech-BSPH-Verbindung mit einem dreilagigem Brettsperrholz

Ist für ψ die Bedingung der Gleichung (45) erfüllt, kann die Tragfähigkeit im Versagensmechanismus 3.1 gemäß Gleichung (44) berechnet werden.

$$R_3 = \sqrt{2} \cdot \sqrt{2 \cdot f_{h,1,1} \cdot M_y \cdot d} \quad (44)$$

für

$$\psi \geq 2 \cdot \sqrt{\frac{M_y}{f_{h,1,1} \cdot d \cdot t_1^2}} \quad (45)$$

Im Versagensmechanismus 3.2 kann die Tragfähigkeit nach Gleichung (46) berechnet werden, wenn die Bedingungen der Gleichung (47) eingehalten sind.

$$R_3 = f_{h,1,1} \cdot d \cdot t_1 \cdot \psi \cdot \left[1 - \beta_{1,1,2} + \sqrt{\beta_{1,1,2} \cdot \left(\beta_{1,1,2} - 1 + \frac{4 \cdot M_y}{f_{h,1,1} \cdot d \cdot t_1^2 \cdot \psi^2} \right)} \right] \quad (46)$$

für

$$\psi \leq 2\sqrt{\frac{M_y}{f_{h,1,1} \cdot d \cdot t_1^2}} \quad \text{und} \quad \frac{\psi}{\beta_{1,1,2}} \cdot \sqrt{\beta_{1,1,2} \cdot \left(\beta_{1,1,2} - 1 + \frac{4 \cdot M_y}{f_{h,1,1} \cdot d \cdot t_1^2 \cdot \psi^2} \right)} + \psi \leq 1 \tag{47}$$

Für Versagensmechanismus 3.3 gilt:

$$R_3 = f_{h,1,1} \cdot d \cdot t_1 \cdot \left[\beta_{1,1,2}(1 - 2 \cdot \psi) + 2 \cdot \psi - 1 + \sqrt{2 \cdot \psi \cdot (\beta_{1,1,2} - 1) - \beta_{1,1,2} + 1 + \frac{4 \cdot M_y}{f_{h,1,1} \cdot d \cdot t_1^2}} \right] \tag{48}$$

für

$$\psi \leq 2 \cdot \sqrt{\frac{M_y}{f_{h,1,1} \cdot d \cdot t_1^2}} \tag{49}$$

und

$$\sqrt{2 \cdot \psi \cdot (\beta_{1,1,2} - 1) - \beta_{1,1,2} + 1 + \frac{4 \cdot M_y}{f_{h,1,1} \cdot d \cdot t_1^2}} + \psi \geq 1 \tag{50}$$

Die Tragfähigkeit des Verbindungsmittels ergibt sich aus dem Minimum der betrachteten Versagensfälle, siehe Gleichung (51).

$$R = \min\{R_1, R_2, R_3\} \tag{51}$$

Die Herleitung der Tragfähigkeit ist bereits für den einfachen Fall einer Stahlblech-BSPH-Verbindung mit einem dreilagigen Brettsperrholz vergleichsweise komplex und aufwändig. Derartige Berechnungen sind nur noch mit Hilfe von EDV-Programmen (z. B. Computeralgebraprogrammen) mit einem vertretbarem Zeitaufwand durchführbar. Mit steigender Anzahl der Brettlagen steigt auch der Aufwand der Berechnungen. Die Anzahl der theoretisch möglichen Versagensfälle für Stahlblech-BSPH-Verbindungen mit innen liegendem Stahlblech ergibt sich aus Gleichung (52).

$$m = \frac{3}{2} \cdot (n + 1) \tag{52}$$

mit

m Anzahl der Versagensfälle

n Anzahl der Brettlagen

Aufgrund des symmetrischen Aufbaus der Brettsperrhölzer und der Materialeigenschaften der Verbindungsmittel sind nicht alle theoretischen Positionen von Fließgelenken möglich, so dass einige Versagensfälle in praxi nicht auftreten können. Für ein- und zweischnittige BSPH-BSPH-Verbindungen sind die Versagensmechanismen von Johansen analog zu erweitern.

Zur Reduzierung des Aufwandes bei der Berechnung wird ein vereinfachtes Rechenmodell zur Ermittlung der Tragfähigkeit von Verbindungen vorgeschlagen. Hierbei wird nicht für jede Brettlage eine differenzierte Lochleibungsfestigkeit angesetzt, sondern die in den Versuchen ermittelte Lochleibungsfestigkeit für Brettsperrholz nach Gleichung (2) bzw. (3). Die Tragfähigkeit kann somit mit den herkömmlichen Johansen-Gleichungen für homogene Bauteile berechnet werden.

Diese Vereinfachung kann je nach Versagensfall zu einer Verletzung des Kräftegleichgewichts in den Berechnungen nach der Theorie von Johansen führen. Daher ist zu prüfen, für welche Anschlussarten, Verbindungsmittel und Aufbauten die vereinfachte Berechnung eine hinreichende Genauigkeit aufweist bzw. einen konservativen Wert der Tragfähigkeit liefert. Aufgrund der Vielzahl möglicher Brettsperrholzaufbauten kann hierfür keine allgemeingültige Lösung angegeben werden, so dass Vergleichsrechnungen für den jeweiligen Brettsperrholzaufbau notwendig sind. Für einen Teil der im Forschungsvorhaben geprüften Konfigurationen wurden die im Rahmen der Johansen-Theorie analytisch exakten Tragfähigkeit hergeleitet und Vergleichsbetrachtungen durchgeführt, siehe Bild 10-50. Für Verbindungsmittel, die parallel zur Faserrichtung belastet werden, liegt zumeist eine Unterschätzung der Tragfähigkeit durch die vereinfachte Berechnung vor. Bei einer Belastung des Verbindungsmittels rechtwinklig zur Faserrichtung wird die Tragfähigkeit i. d. R. entsprechend überschätzt. Für die geprüften Konfigurationen betrug die Abweichung zwischen den Erwartungswerten der beiden Berechnungsansätze zwischen vier und sechs Prozent.

6.1.3 Verbindungen in den Schmalflächen

Die Tragfähigkeit von Verbindungen in den Schmalflächen kann direkt nach der Theorie von Johansen berechnet werden. In den Schmalflächen können Verbindungsmittel sowohl parallel als auch rechtwinklig zur Faserrichtung eingebracht sein. Bei faserparalleler Anordnung der Verbindungsmittel wurde die kleinste Lochleibungsfestigkeit ermittelt, wie in Abschnitt 3.3 angegeben. Da die genaue Lage eines Verbindungsmittels in den Schmalflächen nicht immer bekannt ist, sollte dieser Fall als maßgebend betrachtet werden. Hiermit ergeben sich konservative Werte für die Tragfähigkeit von Verbindungen, bei denen die Stiftachse rechtwinklig zur Faserrichtung der maßgebenden Brettlage verläuft. Zur Berechnung der Tragfähigkeit von Verbindungen mit Schrauben, die axial beansprucht werden, können die in Abschnitt 4.3 angegeben Herausziehtragfähigkeiten verwendet werden. Mit Hilfe der Herausziehwiderstände ist es auch möglich, den Einhängeeffekt bei lateral beanspruchten Verbindungen mit Schrauben zu berücksichtigen. Der Anteil des Einhängeeffektes an der Tragfähigkeit kann nach DIN 1052 bzw. wie bei Blaß et. al. (2005) angeben berücksichtigt werden.

6.2 Tragfähigkeitsversuche

6.2.1 Bestimmung der Randbedingungen - Mindestabstände

Zur Ermittlung der erforderlichen Mindestabstände der Verbindungsmittel untereinander und zum Rand waren im Rahmen des Forschungsvorhabens Tragfähigkeitsversuche vorgesehen. Gleichzeitig dienen die Versuche zur Verifizierung der berechneten Tragfähigkeiten auf der Grundlage der in Abschnitt 6.1 entwickelten Modelle.

Die möglichen Mindestabstände von Schrauben und Nägeln in Brettsperrholz wurden zunächst mittels Einschraub- bzw. Einschlagversuchen eingegrenzt. Bereits aus den Versuchen zur Ermittlung der Prüfkörpergeometrien für die Herausziehversuche (Abschnitt 4.1) lagen Erkenntnisse zu möglichen Abständen der Verbindungsmittel vor.

In den Seitenflächen von Brettsperrholz wurden Einschraubversuche mit selbstbohrenden Holzschrauben der Durchmesser 6, 8 und 12 mm durchgeführt. Es handelte sich hierbei um bauaufsichtlich zugelassene Schrauben ohne Bohrspitze der Firmen Würth und ABC Verbindungstechnik. In den Versuchen wurde ein Einschraubbild mit drei Verbindungsmittelreihen gewählt. Je Verbindungsmittelreihe wurden drei Verbindungsmittel angeordnet. Die einzelnen Versuchsreihen zur Ermittlung der Mindestabstände von Schrauben in den Seitenflächen sind in Tabelle 10-68 zusammengestellt. Für Verbindungen in den Seitenflächen werden die Bezeichnungen der Abstände in der Definition der DIN 1052 verwendet, wie in Bild 6-4 angegeben. Die angegebene Faserrichtung bezieht sich auf die Decklagen.

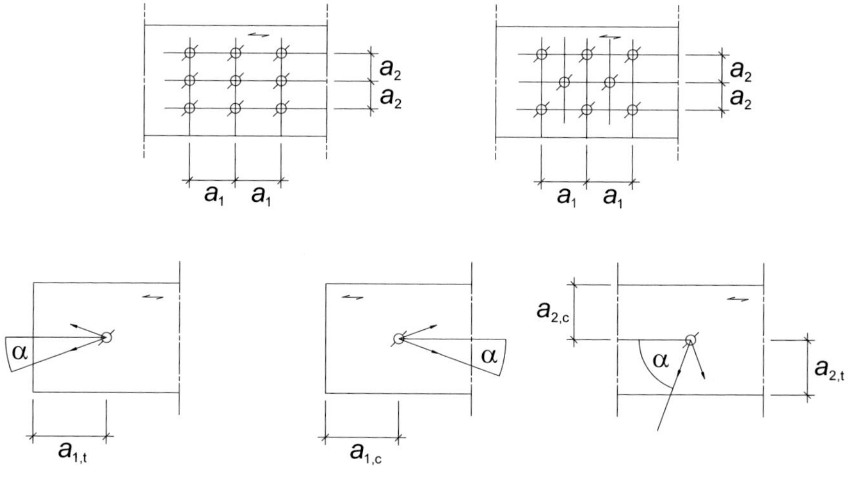

Bild 6-4 Definition der Mindestabstände von Verbindungsmitteln gemäß DIN 1052

Die Versuchsergebnisse werden durch Bild 10-20 bis Bild 10-24 dokumentiert. Bei allen Einschraubversuchen trat kein Aufspalten der Brettsperrhölzer auf. Bei einigen Versuchen konnten lediglich oberflächliche Spaltrisse geringen Ausmaßes beobachtet werden. Für alle Versuchsreihen konnten die in Tabelle 6-1 aufgeführten Mindestabstände erreicht werden.

Tabelle 6-1 Mindestabstände aus Einschraubversuchen in den Seitenflächen

$a_{1,c}$	a_1	$a_{2,c}$	a_2
$6 \cdot d$	$4 \cdot d$	$2{,}5 \cdot d$	$2{,}5 \cdot d$

Bei den Einschraubversuchen in den Schmalflächen musste die Anordnung der Verbindungsmittelachse bezüglich der Faserrichtung der maßgebenden Brettlage in die Untersuchungen einbezogen werden. Des Weiteren galt es, das Verhältnis zwischen Verbindungsmitteldurchmesser und Dicke der Brettlage sowie der Dicke des Gesamtaufbaus zu berücksichtigen (s. a. Abschnitt 4.1). Die Einschraubversuche wurden mit selbstbohrenden Holzschrauben der Durchmesser d = 8 mm und d = 12 mm durchgeführt. Eine Übersicht der Versuche, bei denen die Stiftachse rechtwinklig zur Faserrichtung angeordnet wurde (ε = 90°), ist in Tabelle 10-69 des Anhangs zusammengestellt. Die Versuche für faserparallel eingebrachte Schrauben (ε = 0°) sind in Tabelle 10-70 aufgeführt. In Bild 10-25 bis Bild 10-28 werden typische Ergebnisse der Einschraubversuche dokumentiert.

Bei faserparalleler Anordnung der Verbindungsmittel in den Schmalseiten sind erwartungsgemäß geringere Abstände möglich. Bei Anordnung der Verbindungsmittel rechtwinklig zur Faserrichtung sind die erforderlichen Mindestabstände von der Dicke der maßgebenden Brettlage sowie von der Gesamtdicke des Brettsperrholzes in Bezug zum Durchmesser des Verbindungsmittels abhängig. In diesem Fall zeigen Brettsperrhölzer mit fünf Brettlagen ein günstigeres Spaltverhalten als Brettsperrhölzer mit drei Brettlagen. Die Ergebnisse der Einschraubversuche in den Schmalflächen sind in Tabelle 6-2 zusammengefasst. Die Definition der Abstände in den Schmalflächen ist in Bild 6-5 dargestellt.

Tabelle 6-2 Mindestabstände aus Einschraubversuchen in den Schmalflächen

Winkel zwischen Stiftachse und Faserrichtung ε	Dicke der maßgebenden Brettlage t_i in mm	Dicke des Brettsperrholzes t_{BSPH} in mm	$a_{1,c}$	a_1	$a_{2,c}$
0°	$\geq 2 \cdot$ d	$\geq 6 \cdot d$	$5 \cdot d$	$4 \cdot d$	$3 \cdot d$
90°	$d > 8$ mm: $\geq 3 \cdot d$ $d \leq 8$ mm: $\geq 2 \cdot d$	$\geq 10 \cdot d$	$7 \cdot d$	$5 \cdot d$	$5 \cdot d$

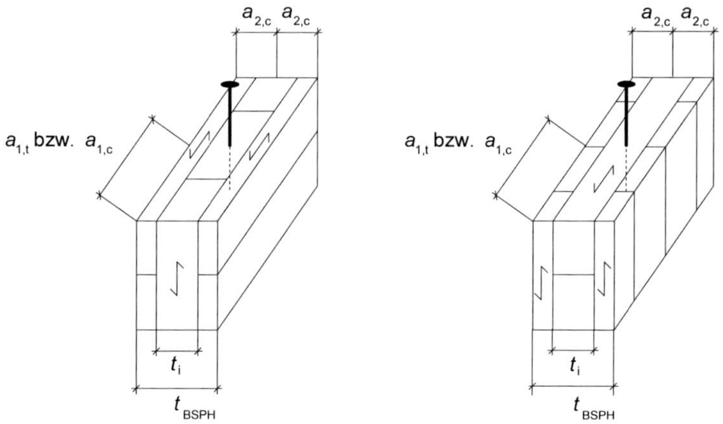

Bild 6-5 Definition der Mindestabstände von Verbindungsmitteln in den Schmalflächen von Brettsperrholz

Die Ergebnisse von Einschraubversuchen sind auch von den verwendeten Schraubentypen abhängig. Die verschiedenen Schraubentypen weisen zumeist ein unterschiedliches Spaltverhalten auf, so dass die erzielten Mindestabstände nicht als allgemeingültig betrachtet werden können, vgl. Blaß et al. (2006). Es ist jedoch davon auszugehen, dass die ermittelten Mindestabstände für Schrauben ohne Bohrspitze konservativ auf die meisten Schraubentypen mit Bohrspitze übertragen werden können.

Mit Nägeln in den Seitenflächen von Brettsperrholz wurden im Vorfeld auf der Grundlage der Erkenntnisse aus Abschnitt 4.1 lediglich einige bestätigende Einschlagversuche im Rahmen der Herstellung der Zug-Scherversuche durchgeführt.

Durch Zug-Scherversuche galt es zu prüfen, ob die in den Einschraub- und Einschlagversuchen ermittelten Mindestabstände ausreichen, um ein Aufspalten des BSPH unter Belastung zu verhindern. Des Weiteren wurden Zug-Scherversuche zur Bestimmung der Mindestabstände von Verbindungsmitteln (Stabdübeln, Passbolzen, Bolzen) in vorgebohrten Brettsperrhölzern durchgeführt.

Die Zug-Scherversuche und ihre Ergebnisse sind in den folgenden Abschnitten dargestellt. Abschließende Vorschläge für die Mindestabstände von Verbindungsmitteln in Brettsperrholz sind im Abschnitt 6.3 angegeben.

6.2.2 Zug-Scherversuche mit Verbindungen in den Seitenflächen

In den Seitenflächen von Brettsperrholz wurden Verbindungen mit Stabdübeln, Schrauben und Nägeln in Zug-Scherversuchen geprüft. Alle Versuche wurden in Anlehnung an DIN EN 26891:1991 durchgeführt.

Im Versuchsprogramm wurden zweischnittige Stahlblech-BSPH-Verbindungen mit innen liegenden Stahlblechen und BSPH-BSPH-Verbindungen mit Stabdübeln berücksichtigt. Außerdem wurden Versuche mit ein- bzw. zweischnittigen BSPH-BSPH-Verbindungen mit Schrauben und Nägeln sowie mit einschnittigen Stahlblech-BSPH-Nagelverbindungen mit außen liegenden Stahlblechen durchgeführt. Als weiterer Parameter wurde die Belastungsrichtung in die Untersuchungen einbezogen.

Bei den Versuchen mit Stabdübeln wurden die Durchmesser 8, 12, 16, 20 und 24 mm berücksichtigt. Es wurden die Stahlqualitäten S 235 JR+C und 42 CrMo4+QT+C verwendet. Des Weiteren wurden Versuche mit Verbindungen mit selbstbohrenden Holzschrauben (d = 8 mm und d = 12 mm) der Hersteller Würth, ABC Verbindungstechnik und HECO-Schrauben durchgeführt. Für die Nagelverbindungen wurden Sondernägel (Tragfähigkeitklasse III, DIN 1052:1988-04) mit 4 und 6 mm im Durchmesser eingesetzt. Die Fließmomente der Verbindungsmittel wurden in Versuchen in Anlehnung an DIN EN 409:1993 bzw. prEN 409:2006 ermittelt bzw. lagen der Versuchsanstalt für Stahl, Holz und Steine bereits aus vorangegangenen Versuchen vor. Für Stabdübel des Durchmessers d = 24 mm aus 42 CrMo4 war es nicht möglich, die Fließgrenze im Biegeversuch nach DIN EN 409 zu bestimmen. Daher wurde das Fließmoment mit Hilfe der in Versuchen ermittelten Zugfestigkeit berechnet. Hierbei wurde aus den Ergebnissen von Versuchen mit Stabdübeln des Durchmessers d = 20 mm die Abweichung zwischen berechneten und experimentell ermittelten Fließmomenten berücksichtigt.

Eine Übersicht der Versuche in den Seitenflächen ist für Verbindungen mit Stabdübeln in Tabelle 6-3 und für Verbindungen mit Schrauben und Nägeln in Tabelle 6-4 zusammengestellt. Bei diesen Versuchen erfolgte die Belastung der Verbindungsmittel parallel zur Faserrichtung der Decklagen. In Tabelle 6-5 sind die Versuche mit Stabdübel- und Schraubenverbindungen aufgeführt, bei denen die Verbindungsmittel rechtwinklig zur Faserrichtung der Decklagen belastet wurden. Die Versuchsaufbauten der Zug-Scherversuche werden in Bild 10-29 bis Bild 10-37 gezeigt. In den Zeichnungen sind ebenso die für die Versuche gewählten Einschraub- und Nagelbilder dargestellt.

In Tabelle 10-72 bis Tabelle 10-96 sind die Ergebnisse der Tragfähigkeitsversuche mit Verbindungen in den Seitenflächen zusammengestellt. Es wurden auch Versuche durchgeführt, bei denen die Verbindungsmittel gezielt im Fugenbereich angeordnet wurden. Diese Versuche sind durch ein „F" in der Versuchsbezeichnung gekennzeichnet.

Für die weitere Auswertung wurde die maßgebende Höchstlast ($F_{maßg}$) für den oberen und unteren Anschluss der Prüfkörper bestimmt. Beim Versagen eines Prüfkörpers unterhalb einer Verschiebung von 15 mm wurde die erreichte Höchstlast für beide Anschlüsse angesetzt. Es ist eo ipso davon auszugehen, dass der nicht versagte Anschluss die gleiche oder eine höhere Bruchlast erreicht. In den Tabellen werden neben den Höchstlasten auch die mittleren Rohdichten der Brettsperrhölzer im Anschlussbereich für die Seiten- und Mittelhölzer aufgeführt. Außerdem werden die in Anlehnung an DIN EN 26891 ausgewerteten Verschiebungsmoduln k_i und k_s sowie der Ort und die Ursache des Versagens angegeben. Eine Übersicht über die verwendeten Abkürzungen für die Versagensarten ist in Tabelle 10-71 angegeben.

Tabelle 6-3 Tragfähigkeitsversuche mit Stabdübeln in den Seitenflächen von BSPH mit Belastung in Faserrichtung der Decklagen

Versuchsreihe	Anz.	Verbindungsmittel		Anschlussgeometrie								BSPH	
		Typ	$M_{y,mean}$ Nm	t_1 mm	t_2 mm	$a_{1,t}$ mm	a_1 mm	$a_{2,c}$ mm	s	m	n	Seitenholz	Mittelholz
1-24-2S_1.1	4 (1)	SDü ∅ 24	1500	60	-	7·d	5·d	3·d	2	1	3	2.1	Stahlbl. t_{St} = 15 mm
1-24-2S_2.1	3 (2)			60	-	5·d	4·d	5,63·d	2	1	5	2.1	Stahlbl. t_{St} = 15 mm
1-24-2S_3.1	3 (2)			128	-	5·d	4·d	3·d	2	1	3	2.3	Stahlbl. t_{St} = 15 mm
1-20-22_1.1	6 (3)	SDü ∅ 20	955	60	128	5·d	5·d	3·d	2	1	3	2.1	2.3
1-20-22_1.2	6 (3)			60	128	5·d	4·d	3·d	2	1	3	2.1	2.3
1-20-22_1.3	3 (2)			60	128	4·d	4·d	3·d	2	1	3	2.1	2.3
1-16-22_1.1	2 (1)	SDü ∅ 16	400	128	202	5·d	4·d	3·d	2	1	3	2.3	2.5
1-16-22_2.1	3 (1)			128	202	5·d	4·d	3·d	2	1	5	2.3	2.5
1-12-42_1.1	3 (2)	SDü ∅ 12	169	42	128	5·d	4·d	3·d	2	1	3	4.4	2.3
1-8-42_1.1	2 (1)	SDü ∅ 8	52,4	42	128	5·d	4·d	3·d	2	1	3	4.4	2.3
1-8-42_2.1	2 (1)			42	128	5·d	4·d	3·d	2	1	5	4.4	2.3

s: Anzahl der Scherfugen pro Verbindungsmittel
m: Anzahl Verbindungsmittelreihen
n: Anzahl der Verbindungsmittel in einer Verbindungsmittelreihe
In Klammern: Anzahl der Versuche, bei denen die VM in Fugen positioniert wurden.

Tabelle 6-4 Tragfähigkeitsversuche mit Schrauben in den Seitenflächen von BSPH mit Belastung in Faserrichtung der Decklagen

Versuchsreihe	Anz.	Verbindungsmittel		Anschlussgeometrie								BSPH	
		Typ	$M_{y,mean}$ Nm	t_1 mm	t_2 mm	$a_{1,t}$ mm	a_1 mm	$a_2/a_{2,c}$ mm	s	m	n	Seitenholz	Mittelholz
1-12-42_1.1	3 (1)	Sr 12 x 200/100	71,6 G 98,6 S	27	146	10·d	4·d	2,5·d	2	1	2	4.2	2.4
1-12-42_1.2	3 (1)			27	146	12·d	5·d	3·d	2	1	2	4.2	2.4
1-12-42_1.3	3 (1)			27	146	6·d	3·d	3·d	2	1	2	4.2	2.4
1-12-22_2.1	3 (1)	Sr 12 x 300/100	63,7 G 100,8 S	60	180	6·d	4·d	2,5·d	2	2	2	2.1	2.5*
1-12-22_2.2	6 (3)			60	180	6·d	4·d	2,5·d	2	1	4	2.1	2.5*
1-8-42_1.1	3	Sr 8 x 100/80	29,1 G	12	78	6·d	4·d	2,5·d	2	2	2	4.1	2.2
1-8-42_2.1	3			12	78	6·d	4·d	2,5·d	2	1	4	4.1	2.2
1-6-42_1.1	3 (2)	Na 6,0 x 100/75	20,0	27	73	10·d	8·d	4·d	1	2	2	4.2	2.4
1-6-42_2.1	3 (2)			27	73	10·d	8·d	4·d	1	2	4	4.2	2.4
1-4-S2_1.1	4 (2)	Na 4,0 x 75/60	7,24	-	72	10·d	8·d	4·d	1	2	4	Stahlbl. t_{St} = 3 mm	2.4

s: Anzahl der Scherfugen pro Verbindungsmittel

m: Anzahl Verbindungsmittelreihen

n: Anzahl der Verbindungsmittel in einer Verbindungsmittelreihe

* Querschnitt symmetrisch auf Maß t_2 reduziert (gehobelt)

In Klammern: Anzahl der Versuche, bei denen die VM in Fugen positioniert wurden.

Angaben zum Fließmoment M_y von Teilgewindeschrauben für den Gewindebereich (G) und den Schaftbereich (S)

Tabelle 6-5 Versuche mit Stabdübeln und Schrauben in den Seitenflächen mit Belastung rechtwinklig zur Faserrichtung der Decklagen

Versuchsreihe	Anz.	Verbindungsmittel		Anschlussgeometrie								BSPH	
		Typ	$M_{y,mean}$ Nm	t_1 mm	t_2 mm	$a_{2,t}$ mm	a_2 mm	$a_{1,c}$ mm	s	m	n	Seitenholz	Mittelholz
1Q-24-2S_1.1	3 (1)	SDü ∅ 24	1500	27	146	3·d	4·d	4·d	2	1	2	2.1	Stahlbl. t_{St} = 15 mm
1Q-24-2S_1.1-F1	1 (1)			27	146	3·d	4·d	4·d	2	1	3	2.1	Stahlbl. t_{St} = 15 mm
1Q-20-22_1.1	3	SDü ∅ 20	955	60	128	3·d	4·d	4·d	2	1	3	2.1	2.3
1Q-12-42_1.1	4 (2)	Sr 12 x 200/100	71,6 G 98,6 S	27	146	6·d	4·d	2,5·d	2	1	2	4.2	2.4

s: Anzahl der Scherfugen pro Verbindungsmittel

m: Anzahl Verbindungsmittelreihen

n: Anzahl der Verbindungsmittel in einer Verbindungsmittelreihe

In Klammern: Anzahl der Versuche, bei denen die VM in Fugen positioniert wurden.

Angaben zum Fließmoment M_y von Teilgewindeschrauben für den Gewindebereich (G) und den Schaftbereich (S)

Für Verbindungen mit Stabdübeln wurden die Erwartungswerte der Tragfähigkeit eines Verbindungsmittels unter Annahme einer in Richtung der Stiftachse konstanten Lochleibungsspannung ermittelt. Die Lochleibungsfestigkeit des Brettsperrholzes wurde dabei nach Gleichung (3) berücksichtigt. Der Erwartungswert der Tragfähigkeit eines Anschlusses R_{pred} wurde unter Berücksichtigung der Anzahl der Verbindungsmittel und Scherfugen berechnet. Eine Reduzierung der Tragfähigkeit infolge mehrerer hintereinander liegender Verbindungsmittel wurde nicht vorgesehen, so dass für die wirksame Verbindungsmittelanzahl n_{ef} angenommen wurde:

$$n_{ef} = n \tag{53}$$

Ein Vergleich zwischen den maßgebenden Höchstlasten und den Erwartungswerten der Tragfähigkeit R_{pred} wird in Bild 6-6 gezeigt.

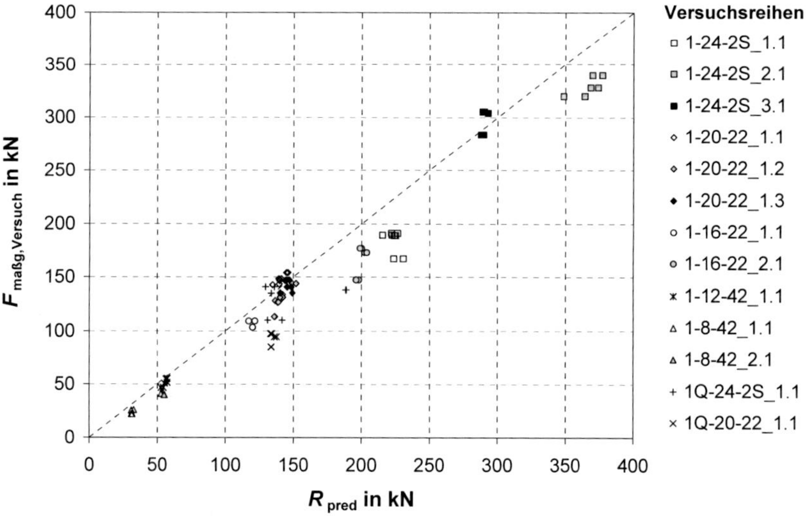

Bild 6-6 Versuchsergebnisse der Tragfähigkeitsversuche mit Verbindungen mit Stabdübeln in den Seitenflächen im Vergleich zu den Erwartungswerten der Tragfähigkeit (vereinfachter Berechnungsansatz)

Für die Versuchsreihen 1-24-2S, 1-20-22 und 1Q-20-22 wurden die Erwartungswerte der Tragfähigkeit auch mit dem analytisch genaueren Modell nach 6.1.2 berechnet. In Bild 10-49 sind diese im Vergleich zu den Traglasten der Zug-Scherversuche dargestellt. Ein Vergleich zwischen den Erwartungswerten beider Berechnungen ist in Bild 10-50 dargestellt. Die Erwartungswerte beider Berechnungsmodelle sind identisch, wenn das maßgebende Versagen im Versagensmechanismus 1 vorliegt.

Die Verhältnisse zwischen Erwartungswert der Tragfähigkeit und Versagenslasten sind in Tabelle 10-114 des Anhangs für die einzelnen Versuchsreihen zusammengestellt. Bei einigen Versuchen wurde die Zugtragfähigkeit des BSPH erreicht. Die Ergebnisse dieser Versuche wurden bei der Auswertung nicht berücksichtigt.

Im Bild 6-7 ist der Vergleich zwischen Versuchsergebnissen und Vorhersagewerten der Tragfähigkeit in Abhängigkeit der Versagensart dargestellt.

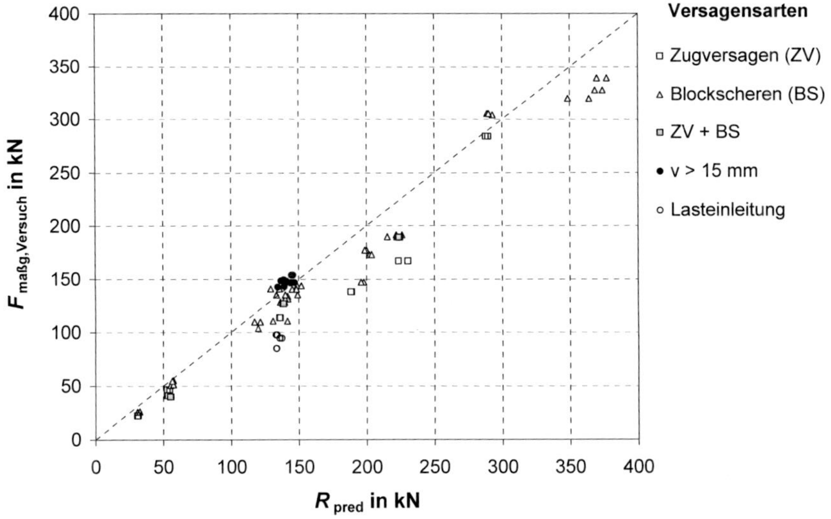

Bild 6-7 Versuchsergebnisse für Stabdübelverbindungen in den Seitenflächen im Vergleich zu den Erwartungswerten der Tragfähigkeit für die verschiedenen Versagensarten

In den Versuchsreihen 1-24-2S_3.1, 1-20-22_1.1 und 1-20-22_1.3 wurde im Mittel die berechnete Tragfähigkeit erreicht bzw. annährend erreicht. Eine deutliche Unterschreitung der Erwartungswerte um ca. 30% lag in der Versuchsreihe 1Q-20-22_1.1 vor. Bei diesen Versuchen konnte die Höchstlast des Anschlusses nicht erreicht werden, da das Brettsperrholz frühzeitig im Bereich der Lasteinleitung in Folge von Querzug- und Rollschubbeanspruchungen versagte. In den Versuchsreihen 1-8-42_1.1 und 1-8-42_1.2 lag überwiegend ein Zugversagen vor. Dieses trat zumeist nur in der Brettlage auf, die direkt an der Scherfuge lag. Dem Zugversagen folgte ein Ausscheren von Brettlagen infolge einer Schub- und/oder Rollschubbeanspruchung, siehe Bild 6-8. Diese Versagensform kann ggf. für Verbindungsmittelgruppen maßgebend sein, bei denen auf kleinen Anschlussflächen große Kräfte eingeleitet werden. Im Bereich der Lasteinleitung der Verbindung wird keine gleichmäßige Verteilung der Zugkräfte über den Gesamtquerschnitt bzw. über alle Brettlagen des Brettsperrholzes gewährleistet. Eine ausreichende Lastausbreitung wird aufgrund der geringeren Steifigkeit der Querlagen verhindert. Zudem wird der Querschnitt infolge des Exzentrizitätsmomentes auch auf Biegung beansprucht. Für die Versuche mit Stabdübeln der Reihe 1-8-42_1.1 lag die Beanspruchung beim Versagen unter Berücksichtigung des Exzentrizitätsmomentes und bezogen auf den wirksamen Querschnitt im Bereich der charakteristischen Zugfestigkeit des Ausgangsmaterials (Festigkeitsklasse C 24).

Bild 6-8 Versagen durch Zugversagen und Herausscheren von Brettlagen

In allen übrigen Reihen wurden lediglich 81% bis 94% der berechneten Tragfähigkeiten erreicht, wobei bei diesen Versuchen ein Blockscheren innerhalb von Brettlagen beobachtet werden konnte. Das Blockscheren trat in den Versuchsreihen mit Belastung parallel zur Faserrichtung der Decklagen, meist an der innen liegenden Decklage auf (siehe Bild 6-9). In wenigen Fällen konnte bei dreilagigen Brettsperrhölzern im Versagensmechanismus 1 auch ein Ausscheren von Blöcken in beiden Decklagen gleichzeitig festgestellt werden. Bei Versuchen mit Belastung rechtwinklig zur Faserrichtung konnte ein Blockscheren in der Mittellage des verwendeten dreischichtigen Brettsperrholzes beobachtet werden (siehe Bild 6-10). Insgesamt war es im Rahmen der durchgeführten Versuche nicht möglich, für das Auftreten des Blockscherens eine Regelmäßigkeit festzustellen. Es lag entweder in Seitenhölzern oder Mittelhölzern vor oder auch gleichzeitig in Seiten- und Mittelhölzern. In vielen Fällen erstreckte sich das Blockscheren über die gesamten Dicke der betroffenen Brettlage, so dass drei Scherflächen entstanden. Somit lag in der Fläche zur nächsten, rechtwinklig angeordneten Brettlage eine Rollschubbeanspruchung vor. In einigen Fällen erstreckte sich das Blockscheren auch nur über einen Teil der Brettdicke, wobei der ausgescherte Block unterschiedliche Querschnittsformen aufwies (Bild 6-11). Ebenfalls uneinheitlich war das Auftreten in seiner Ausdehnung. Es konnte sowohl nur zwischen einigen Stabdübeln einer Verbindungsmittelreihe als auch zwischen allen Stabdübeln einer Verbindungsmittelreihe beobachtet werden. Bei einigen Versuchen wurde auch das Vorholz des letzten Stabdübels der Verbindungsmittelreihe ausgeschert.

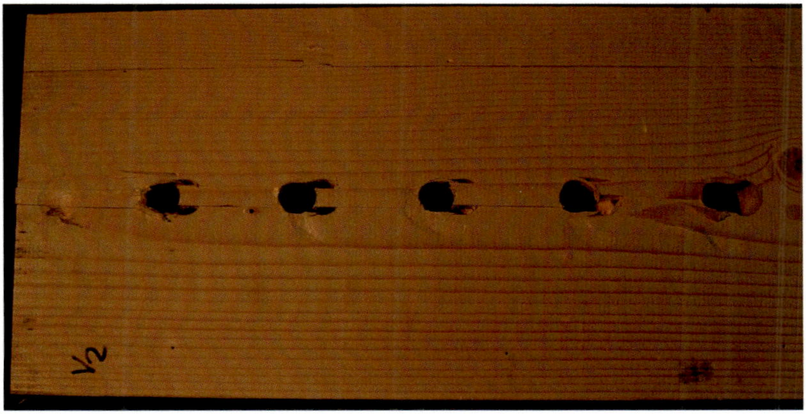

Bild 6-9 Blockscheren in der Decklage zwischen den Stabdübeln und zum Rand, hier Versuch 1-24-2S_2.1.1

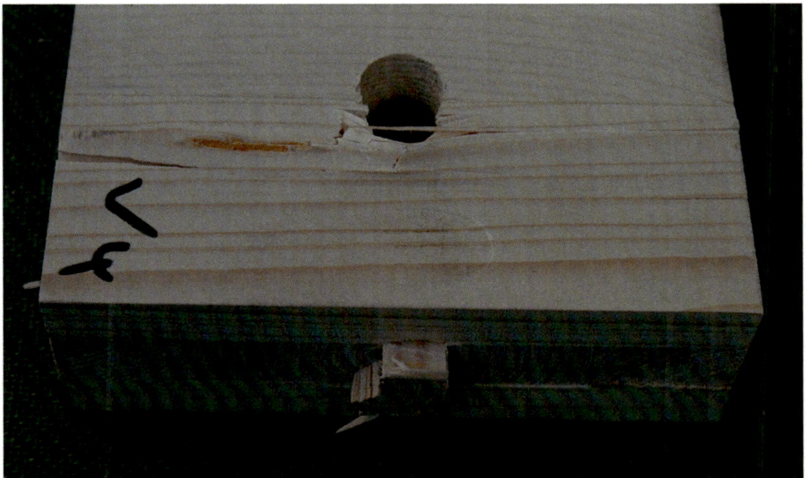

Bild 6-10 Ausscheren eines Blockes in der Mittellage, Versuch 1Q-24-2S_1.1.1

Bild 6-11 Blockscheren in der Decklage des Mittelholzes, hier Versuch mit Stabdübeln, 1-12-42_1.1.F1

In der Regel versagten die Verbindungen trotz Vorliegen eines Blockscherens nicht völlig. Größtenteils wurden keine oder nur kleinere Lastabfälle beobachtet. Die Prüfkörper wurden dann noch bis zum Erreichen einer Verschiebung von ca. 15 mm an mindestens einem Anschluss belastet. Bild 10-42 bis Bild 10-46 des Anhangs zeigen typische Last-Verschiebungsdiagramme der geprüften Verbindungen. Es ist zu erkennen, dass sich die Verbindungen auch bei Auftreten von Blockscheren äußerst duktil verhalten. Die erreichten Höchstlasten unterschritten in den Versuchen, bei denen Blockscherversagen auftrat, die berechneten Erwartungswerte maximal um 20 Prozent. Um eine genauere Aussage über den Einfluss des Blockscherens in den Decklagen zu treffen, sind aufgrund der verschiedenartigen Erscheinungsformen dieses Versagens weitere gezielte Untersuchungen notwendig. Bei einer Vergrößerung der Abstände der Verbindungsmittel kann ggf. die Gefahr des Blockscherens vermindert werden. In der Versuchsreihe 1-20-22_1.1 trat bei einem Abstand a_1 von $a_1 = 5 \cdot d$ i. d. R. kein Blockscheren auf. Im Vergleich hierzu konnte in der Reihe 1-20-22_2.1 mit $a_1 = 4 \cdot d$ Blockscheren beobachtet werden. Bei Stahlblech-BSPH-Verbindungen trat Blockscheren auch bei größeren Abständen ($a_1 = 5 \cdot d$, $a_{1,t} = 7 \cdot d$) auf.

Die Anordnung von Verbindungsmitteln in Fugen hatte weder einen signifikanten Einfluss auf die Höchstlasten noch auf das Versagensverhalten der Verbindung. In einigen Fällen konnte lediglich ein leichtes Aufspalten der Decklagen im Fugenbereich beobachtet werden.

In Bild 6-12 sind die Versuchsergebnisse den charakteristischen Tragfähigkeiten gegenüber gestellt. Die charakteristischen Tragfähigkeiten wurden mit den Fließmomenten der Stabdübel nach Gleichung (54) und den Lochleibungsfestigkeiten nach Gleichung (6) berechnet.

$$M_{y,k} = 0{,}3 \cdot d^{2,6} \cdot f_{u,k} \tag{54}$$

Für alle Versuche, bei denen nicht ein Versagen durch Erreichen der Zugtragfähigkeit des Brettsperrholzes bzw. ein Versagen im Bereich der Lasteinleitung maßgebend wurde, liegen die erzielten Bruchlasten oberhalb der charakteristischen Werte der Tragfähigkeit.

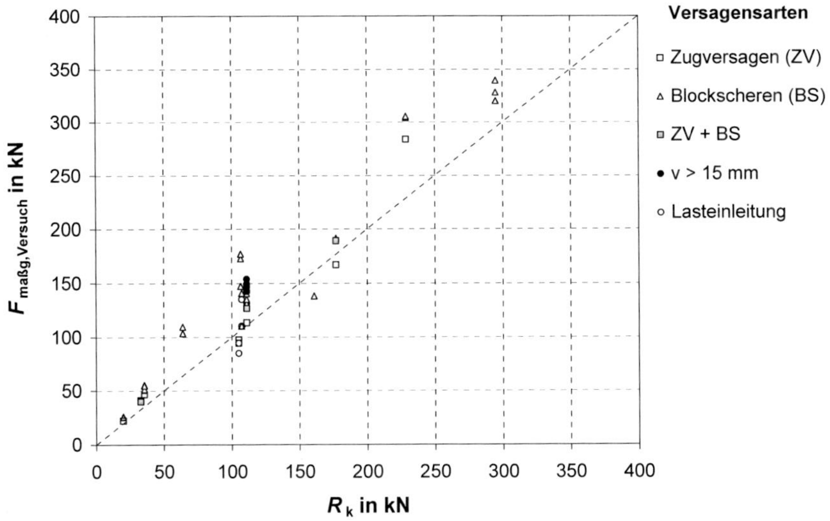

Bild 6-12 Versuchsergebnisse der Tragfähigkeitsversuche mit Verbindungen mit Stabdübeln in den Seitenflächen im Vergleich zur charakteristischen Tragfähigkeit für die verschiedenen Versagensarten

Die Anzahl der Stabdübel in einer Verbindungsmittelreihe wurde bei den Zug-Scherversuchen zwischen drei und fünf variiert. Ein Vergleich der Tragfähigkeiten in Abhängigkeit von der Anzahl hintereinander liegender Verbindungsmittel ist in Bild 6-13 dargestellt. Für die Auswertung wurde die Tragfähigkeit pro Verbindungsmittel und Scherfuge ermittelt und auf die mittlere Rohdichte der betrachteten Versuchsreihen bezogen. Für die untersuchte Anzahl von Verbindungsmitteln ist kein signifikanter Einfluss erkennbar, obgleich in der Mehrzahl der Versuchsreihen ein Blockscheren in den Decklagen zwischen den Verbindungsmitteln zu beobachten war. Bei der Versuchsreihe mit 24er Stabdübeln konnte sogar eine größere Tragfähigkeit festgestellt werden, obwohl der Abstand zwischen den Stabdübeln verringert wurde (Reihe 1-24-2S_1.1: $a_1 = 5 \cdot d$; Reihe 1-24-2S_2.1: $a_1 = 4 \cdot d$). Der Abstand $a_{2,c}$ betrug in der Reihe 1-24-2S_2.1 abweichend zu den übrigen Versuchsreihen $a_{2,c} = 5,6 \cdot d$.

Die Annahme der wirksamen Verbindungsmittelanzahl nach Gleichung (53) scheint für die untersuchte Verbindungsmittelanzahl gerechtfertigt zu sein. Jedoch ist ggf. eine Abminderung der Tragfähigkeit infolge von Blockscheren zu berücksichtigen.

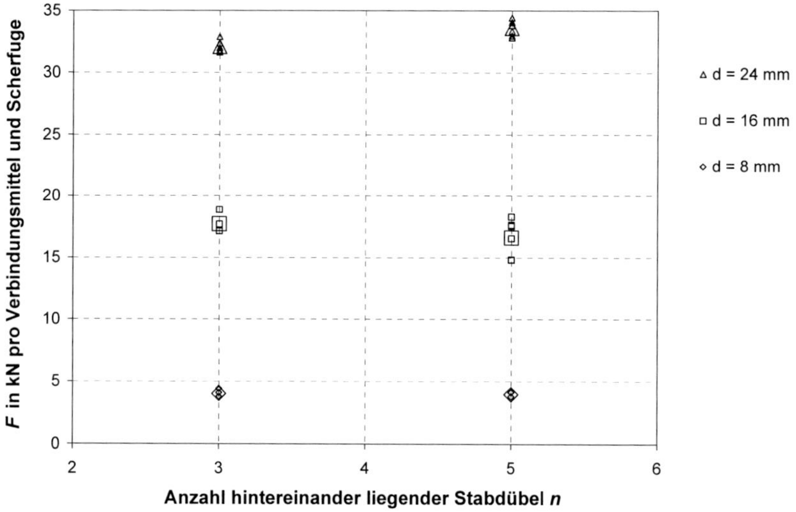

Bild 6-13 Einfluss der Anzahl hintereinander liegender Verbindungsmittel auf die Tragfähigkeit

Zur Quantifizierung eines Rechenwertes für die Steifigkeit von zweischnittigen BSPH-BSPH-Verbindungen mit Stabdübeln wurde für die in den Tragfähigkeitsversuchen ermittelten Verschiebungsmoduln eine Regressionsanalyse durchgeführt.

Die Verschiebungsmoduln wurden für die Versuche in Anlehnung an DIN EN 26891 ermittelt. Lag bei Versuchen infolge von Blockscheren die Bruchlast unterhalb der Erwartungswerte, wurde die Auswertung entsprechend angepasst.

Die beste Korrelation zwischen Versuchsergebnissen und Rechenwerten ergibt sich für die geprüften Konfigurationen bei Abschätzung des Verschiebungsmoduls $k_{ser,pred}$ nach Gleichung (55). Vergleiche zwischen Vorhersagewerten $k_{ser,pred}$ und den Verschiebungsmoduln k_i und k_s aus den Versuchen sind in Bild 10-51 und Bild 10-52 dargestellt. Der Korrelationskoeffizient beträgt $R = 0,96$ bzw. $R = 0,91$.

$$k_{ser,pred} = 9{,}3 \cdot 10^{-6} \cdot \rho^{0,81} \cdot d^{1,29} \cdot f_{y,fiktiv}^{1,89} \cdot \left(\frac{t_2}{t_1}\right)^{-0,14} \quad \text{in N/mm} \tag{55}$$

mit

ρ	mittlere Rohdichte von Seiten- und Mittelhölzern aus BSPH in kg/m³
d	Durchmesser des Verbindungsmittels in mm
t_2	Dicke des Mittelholzes in mm
t_1	Dicke des Seitenholzes in mm
$f_{y,fiktiv}$	Fiktive Fließspannung des Verbindungsmittels nach Gleichung (56) in N/mm²

$$f_{y,fiktiv} = \frac{M_y \cdot 6}{d^3} \quad \text{in N/mm}^2 \tag{56}$$

mit

M_y	Fließmoment aus Versuchen zur Ermittlung des Fließmoments nach DIN EN 409 für einen Biegewinkel von 110°/d in Nmm

In den Versuchen wurden Verbindungsmittel mit vergleichsweise hohen Fließmomenten bzw. Fließspannungen eingesetzt. Die Verhältnisse zwischen Seiten- und Mittelholzdicke wurden lediglich zwischen t_2 / t_1 = 1,6 ... 3,0 variiert. Aufgrund der eingeschränkten Varianz in den Größenordnungen dieser Parameter ist die Gültigkeit von Gleichung (55) eingeschränkt.

Wird die Regressionsanalyse auf die Parameter Rohdichte und Verbindungsmitteldurchmesser beschränkt, so kann der Verschiebungsmodul mit Gleichung (57) abgeschätzt werden.

$$k_{ser,pred} = \frac{d^{2,18}}{5} \cdot \rho^{0,75} \quad \text{in N/mm} \tag{57}$$

Die Verschiebungsmoduln für Verbindungen in den Seitenflächen, die unter einem Winkel > 0° zur Faserrichtung der Decklagen belastet werden, sind deutlich geringer als die Rechenwerte nach Gleichung (55) und (57). In diesen Versuchen (Reihe 1Q-20-22_1.1) betragen die Verschiebungsmoduln ca. das 0,6-fache der Rechenwerte nach Gleichung (55) bzw. Gleichung (57).

Für die Versuche mit Schrauben- und Nagelverbindungen in den Seitenflächen wurden Erwartungswerte der Tragfähigkeit ermittelt und mit den maßgebenden Höchstlasten verglichen, siehe Tabelle 10-115. Die Abschertragfähigkeit R_{Joh} wurde nach der Theorie von Johansen ermittelt. Für Schrauben und Nägel in Brettsperrhölzern mit dünnen Brettlagen wurde die Lochleibungsfestigkeit anhand der Funktion aus

Gleichung (7) bestimmt. Diese Lochleibungsfestigkeit wurde erweiternd auch für die Verbindungen in BSPH 4.2 (Aufbau 8,5-10-8,5) verwendet. Für Brettsperrhölzer mit dickeren Brettlagen (BSPH 2.2, 2.4, 2.5) wurde die Lochleibungsfestigkeit für Schrauben nach Gleichung (16) wie für selbstbohrende Holzschrauben mit Vollgewinde in Vollholz nach Blaß et. al. (2006) bestimmt. Bei Nagelverbindungen wurde für diese Brettsperrhölzer die Lochleibungsfestigkeit von Nägeln in nicht vorgebohrten Vollhölzern verwendet, welche mit den Erkenntnissen aus Abschnitt 3.4 bestimmt wurde.

Zusätzlich wurde in Anlehnung an DIN 1052 die Tragfähigkeit für die Abscherbeanspruchung um einen Betrag ΔR_{la} erhöht, um den Tragfähigkeitszuwachs aus dem Einhängeeffekt zu berücksichtigen (Blaß und Bejtka (2002a, b), Hilson (1995)).

Für die Stahlblech-BSPH-Verbindungen und die BSPH-BSPH-Verbindungen wurde der Tragfähigkeitsanteil ΔR_{la} gemäß Gleichung (58) berechnet.

$$\Delta R_{la} = \min\{0,25 \cdot R_{ax};\ A \cdot R_{Joh}\} \tag{58}$$

mit

R_{ax} Tragfähigkeit der Verbindungsmittel in axialer Richtung gem. (59)

A Faktor A: A = 1,0 für Schraubenverbindungen,
A = 0,5 für Verbindungen mit Sondernägeln.

R_{Joh} Tragfähigkeit des Verbindungsmittels auf Abscheren nach der Theorie von Johansen

Die Tragfähigkeit der Verbindungsmittel R_{ax} in axialer Richtung ergibt sich zu:

$$R_{ax} = \min\{R_{ax,pred};\ f_2 \cdot d_k^2;\ R_Z\} \tag{59}$$

mit

$R_{ax,pred}$ Ausziehtragfähigkeit in N: - für Schrauben gemäß Gleichung (27)
- für Sondernägel gemäß Gleichung (30)

f_2 Kopfdurchziehparameter in N/mm²

d_k Kopfdurchmesser in mm

R_Z Zugtragfähigkeit des Verbindungsmittels in N

Bei den geprüften Anordnungen wurde die Zugtragfähigkeit R_Z der Verbindungsmittel nicht maßgebend. Der Kopfdurchziehparameter wurde für die Schrauben zu $f_2 = 80 \cdot \rho^2 \cdot 10^{-6}$ mit $[\rho]$ = kg/m³ angenommen. Für Nägel wurde der Kopfdurchziehparameter zu $f_2 = 100 \cdot \rho^2 \cdot 10^{-6}$ berechnet.

Bei einschnittig beanspruchten Verbindungsmitteln wurden die Erwartungswerte der Tragfähigkeit R_{VM} eines Verbindungsmittels pro Scherfuge nach Gleichung (60) berechnet.

$$R_{VM} = R_{Joh} + \Delta R_{la} \tag{60}$$

Bei den Einschraubbildern mit zweischnittigen Verbindungen wurden die Schrauben so angeordnet, dass sich gleichzeitig Schraubenköpfe und Schraubenspitzen innerhalb eines Anschlusses im Seitenholz befanden, siehe Bild 10-32 bis Bild 10-34. Abweichend zu der Regelung in DIN 1052 wurde auch die Tragfähigkeit für diese zweischnittigen Verbindungen um den Betrag ΔR_{la} erhöht. Aufgrund der unterschiedlichen Steifigkeiten bei den Beanspruchungsarten Herausziehen und Kopfdurchziehen wurden jedoch nicht beide Anteile bei der Ermittlung der Anschlusstragfähigkeit berücksichtigt. Der Einhängeeffekt wurde nur jeweils für die Anschlussseite berücksichtigt, an dem die jeweilige Schraube auf Herausziehen beansprucht wurde (Seitenholz mit Schraubenspitze).

Vergleiche zwischen den Erwartungswerten der Tragfähigkeit und Versuchsergebnissen werden in Bild 6-14 und Bild 6-15 gezeigt.

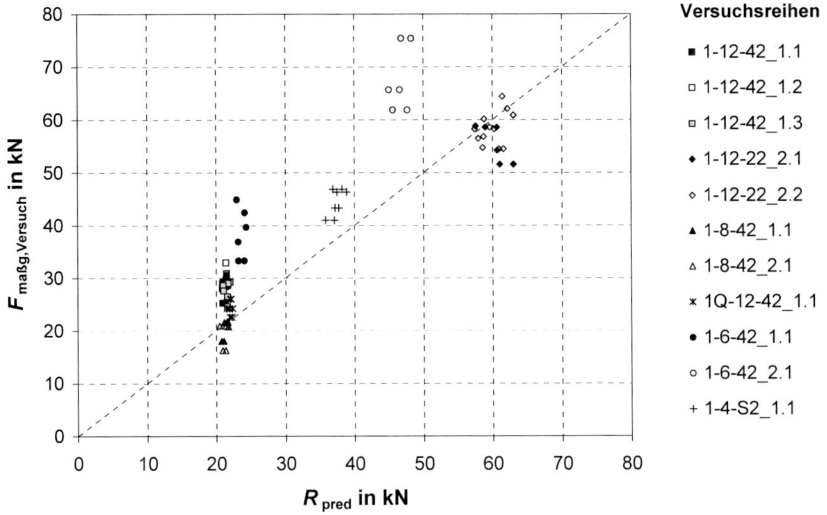

Bild 6-14 Höchstlasten der Zug-Scherversuche und Erwartungswerte der Tragfähigkeit für Verbindungen mit Schrauben in den Seitenflächen

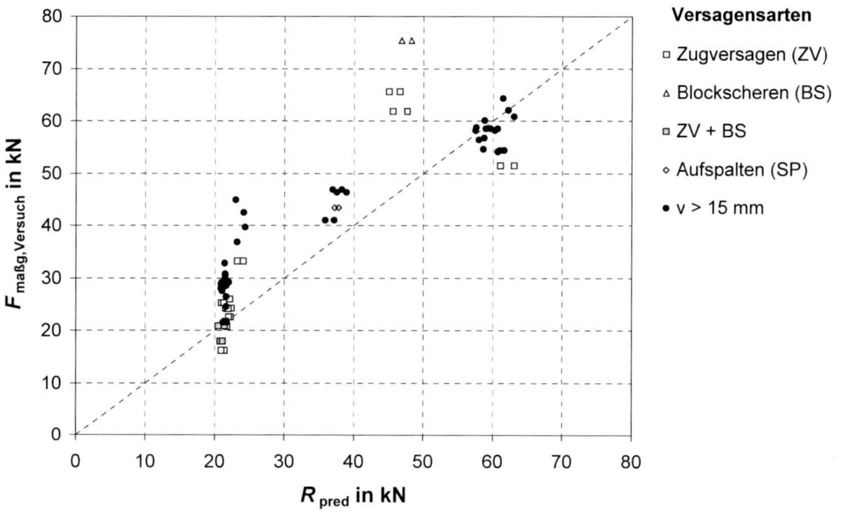

Bild 6-15 Höchstlasten der Zug-Scherversuche und Erwartungswerte der Tragfähigkeit für Verbindungen mit Schrauben in den Seitenflächen für die verschiedenen Versagensarten

Für alle Versuche mit Schraubenverbindungen, bei denen eine Verschiebung von 15 mm erreicht wurde, zeigt sich eine gute Übereinstimmung zwischen erzielten Höchstlasten und den berechneten Tragfähigkeiten.

Eine Überschätzung der Tragfähigkeit liegt nur für Versuche vor, bei denen das Versagen in Verbindung mit dem Erreichen der Zugtragfähigkeit des Brettsperrholzes auftrat. Bei Verbindungen mit Sondernägeln wird für alle geprüften Konfigurationen ein konservativer Erwartungswert der Tragfähigkeit berechnet.

6.2.3 Zug-Scherversuche mit Verbindungen in den Schmalflächen

Zur Ermittlung der Mindestabstände von Verbindungsmitteln in den Schmalflächen von Brettsperrholz wurden insgesamt 49 Zug-Scherversuche vorgesehen. Hiervon wurden 18 Versuche mit zweischnittigen BSPH-BSPH-Verbindungen mit Stabdübeln der Durchmesser 16 mm und 24 mm durchgeführt. Des Weiteren wurden ein- und zweischnittige Verbindungen mit selbstbohrenden Holzschrauben der Durchmesser 8 mm und 12 mm berücksichtigt. Eine Übersicht über die Versuchskonfigurationen ist in Tabelle 6-6 aufgeführt.

Tabelle 6-6 Übersicht der Tragfähigkeitsversuche mit Verbindungen in den Schmalflächen

Versuchsreihe	Anz.	Verbindungsmittel		Anschlussgeometrie									BSPH	
		Typ	$M_{y,mean}$ Nm	Anordnung	t_1 mm	t_2 mm	$a_{1,t}$ mm	a_1 mm	$a_{2,c}$ mm	s	m	n	Seitenholz	Mittelholz
2-24-22_B1	1	SDü ∅ 24	1224	B	96	160	5·d	4·d	64	2	1	5	2.3	2.3
2-24-22_B1.F1	1 (1)			B	96	160	5·d	4·d	64	2	1	4	2.3	2.3
2-24-22_C1	3 (2)			C	96	160	5·d	4·d	89*	2	1	3	2.5*	2.5*
2-24-22_B2	3 (1)	SDü ∅ 24	1224	B	96	160	5·d	4·d	101	2	1	3	2.5	2.5
2-16-22_B1	3 (2)	SDü ∅ 16	400	B	80	160	5·d	4·d	30	2	1	3	2.1	2.1
2-16-22_A2	3	SDü ∅ 16	400	A	80	160	5·d	5·d	64	2	1	3	2.3	2.3
2-16-22_B2	4 (2)			B	80	160	5·d	5·d	64	2	1	3	2.3	2.3
2-12-22_A1.1	3	Sr 12 x 240/120	63,7 G 100,8 S	A	120	120	12·d	10·d	64	1	1	2	2.3	2.3
2-12-22_B1.1	4 (2)			B	60	120	12·d	4·d	30	2	1	2	2.1	2.1
2-12-22_A1.2	2	Sr 12 x 240/120	63,7 G 100,8 S	(A)	120	120	12·d	10·d	36,5	1	3	2	2.4	2.4
2-12-22_B1.2	2			(B)	120	120	12·d	10·d	36,5	1	3	2	2.4	2.4
2-12-22_A2	3	Sr 12 x 240/120	63,7 G 100,8 S	A	60	120	7·d	4·d	64	2	1	2	2.3	2.3
2-12-22_B2	6 (3)			B	60	120	7·d	4·d	30	2	1	4	2.1	2.1
2-12-22_C2	3			C	60	120	7·d	4·d	48*	2	1	4	2.3*	2.3*
2-12-22_B3	2	Sr 12 x 240/120	63,7 G 100,8 S	B	120	120	10·d	5·d	30	1	1	4	2.1	2.1
2-8-42_A1	3	Sr 8 x 200	24,1	A	120	80	10·d	7·d	21	1	1	2	4.4	4.4
2-8-42_B1	3	Sr 8 x 200	24,1	B	80	120	7·d	5·d	21	1	1	2	4.4	4.4

s: Anzahl der Scherfugen pro Verbindungsmittel
m: Anzahl Verbindungsmittelreihen
n: Anzahl der Verbindungsmittel in einer Verbindungsmittelreihe
*: Querschnitt auf das Maß $b = 2 \cdot a_{2,c}$ reduziert (gehobelt)
In Klammern: Anzahl der Versuche, bei denen die VM in Fugen positioniert wurden.
Angaben zum Fließmoment M_y von Teilgewindeschrauben für den Gewindebereich (G) und den Schaftbereich (S)

Bei den Versuchen wurde neben der Anzahl der Verbindungsmittel und dem Anschlussbild auch die Anordnung der Verbindungsmittel in den maßgebenden Brettlagen variiert. Hierzu wurden die drei möglichen Anordnungen der Verbindungsmittel in den Brettlagen berücksichtigt, siehe Bild 10-38 bis Bild 10-40.

In der Anordnung A wurden die Verbindungsmittel rechtwinklig zur Faserrichtung innerhalb einer Brettlage angeordnet. In der Anordnung B sind Stiftachse und Faserrichtung der maßgebenden Brettlage parallel zu einander. In der Anordnung C sind die Verbindungsmittel zwischen zwei Brettlagen angeordnet. Bei faserparalleler Anordnung der Verbindungsmittel wird auf Grundlage der Theorie von Johansen die geringere Tragfähigkeit erwartet, da hier die kleinste Lochleibungsfestigkeit vorliegt (siehe Abschnitt 3.3). Bei Verbindungen mit den Verbindungsmittelanordnungen A und C besteht jedoch eine größere Spaltgefahr. Das bedeutet, dass diese Anordnungen für die Ermittlung der erforderlichen Mindestabstände maßgebend werden können.

Die Versuchsergebnisse der Zug-Scherversuche in den Schmalflächen sind in Tabelle 10-97 bis Tabelle 10-113 zusammengestellt. Die Auswertung der Versuche und die Berechnung der Erwartungswerte der Tragfähigkeit R_{pred} erfolgte analog zur in Abschnitt 6.2.2 beschriebenen Vorgehensweise.

Bei den Versuchen mit Stabdübelverbindungen in den Schmalflächen wurden die Stabdübel jeweils in der Mitte der Schmalfläche angeordnet. Die Stabdübel befanden sich folglich in den Anordnungen A und B in der mittleren Brettlage. Zur Versuchsdurchführung in der Anordnung C wurden die Brettsperrhölzer in ihrer Dicke reduziert. Der Schwerpunkt des Verbindungsmittelquerschnitts befand sich so bei gleichen Abständen zu den Rändern in der Mitte der Schmalfläche. Das Verhältnis zwischen Verbindungsmitteldurchmesser und Dicke der maßgebenden Brettlage nach Gleichung (61) betrug je nach Versuchsreihe ξ = 0,47; 0,71; 0,72 sowie 1,09.

$$\xi = \frac{d}{t_{maßg}} \qquad (61)$$

mit

d Durchmesser des Verbindungsmittels in mm

$t_{maßg}$ Dicke der Brettlage, in die das Verbindungsmittel eingebracht wird

Zur Ermittlung der Erwartungswerte der Tragfähigkeit für Verbindungen mit Stabdübeln wurde für alle Anordnungen die Lochleibungsfestigkeit mit Gleichung (10) berechnet. In Bild 6-16 und Bild 6-17 werden die maßgebenden Höchstlasten aus den Versuchen den berechneten Tragfähigkeiten gegenübergestellt.

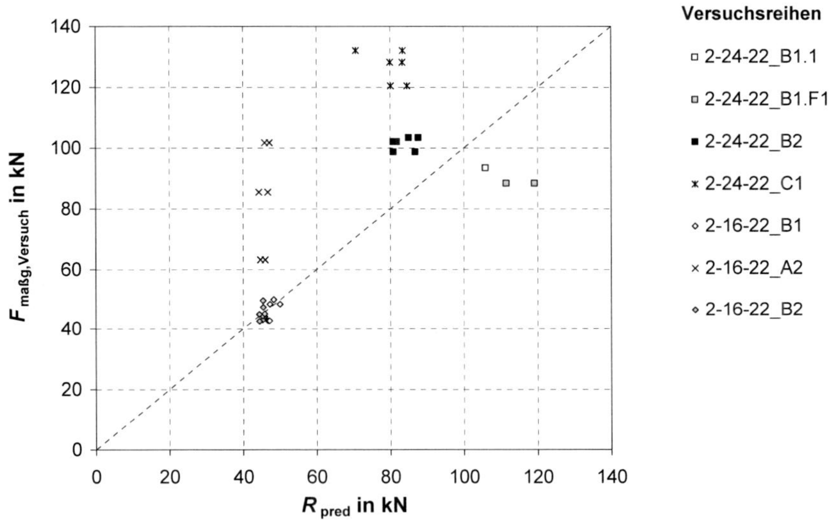

Bild 6-16 Versuchsergebnisse für Stabdübelverbindungen in den Schmalflächen im Vergleich zu den Erwartungswerten der Tragfähigkeit

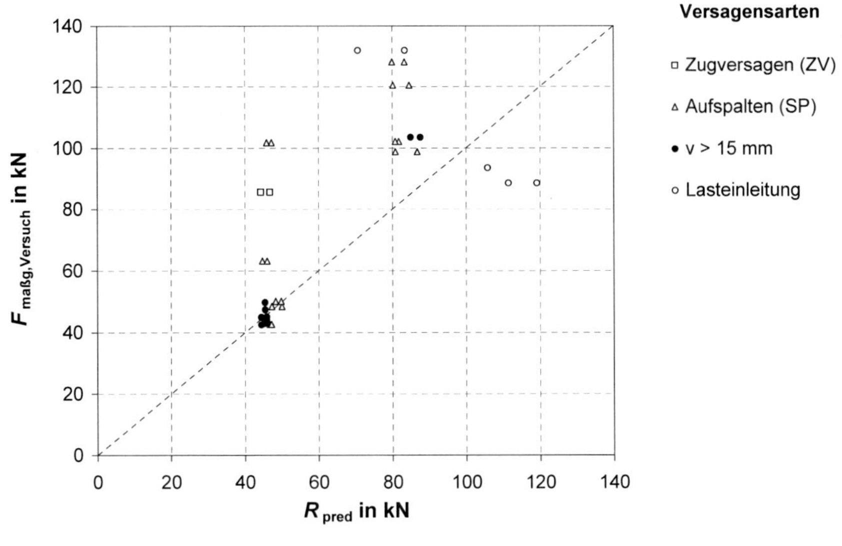

Bild 6-17 Versuchsergebnisse für Stabdübelverbindungen in den Schmalflächen im Vergleich zu den Erwartungswerten der Tragfähigkeit für die verschiedenen Versagensarten

Die vorhergesagten Tragfähigkeiten werden lediglich durch die Versuche der Reihe 2-24-22_B1 deutlich unterschritten (siehe auch Tabelle 10-116). Bei diesen Versuchen lag ein Versagen im Bereich der Lasteinleitung vor, so dass die Tragfähigkeit der Verbindungen nicht erreicht werden konnte. Bei allen anderen Versuchen mit Verbindungsmitteln in der Anordnung B besteht eine gute Übereinstimmung zwischen Erwartungswerten und Versuchsergebnissen. Bei einigen Versuchsreihen konnte ein Aufspalten der Seitenhölzer beobachtet werden. Die Ursache des Aufspaltens liegt hierbei in einem Ausscheren der maßgebenden Brettlagen infolge der Rollschubbeanspruchung. Diese Versagensform trat insbesondere bei Versuchen mit Verbindungsmitteln auf, bei denen größere Verhältnisse zwischen Verbindungsmitteldurchmesser und Brettlagendicke ($\xi = 0{,}72$ und $\xi = 1{,}09$) vorlagen.

Bei Versuchen mit Stabdübelverbindungen in den Anordnungen A und C konnte ein Versagen bereits bei geringen Verschiebungen beobachtet werden. Als Versagensursache lag mehrheitlich ein Aufspalten der mittleren Brettlage vor. Bei den gewählten Abständen der Verbindungsmittel konnten dennoch die Erwartungswerte der Tragfähigkeit deutlich überschritten werden. Mit den geringeren, maßgebenden Lochleibungsfestigkeiten bei faserparalleler Anordnung der Verbindungsmittel werden somit konservative Tragfähigkeiten für die anderen Anordnungen berechnet.

Insgesamt konnten für die untersuchten Verbindungskonfigurationen (Verbindungsmittelanzahl, Mindestabstände, Holzdicken sowie Verhältnisse ξ) die Erwartungswerte der Tragfähigkeit in den Versuchen bestätigt werden. Für andere Konfigurationen sind ggf. weitere Untersuchungen notwendig, um einen maßgebenden Einfluss durch Aufspalten auf die Tragfähigkeit auszuschließen. Dieses trifft insbesondere auf eine Erhöhung der Verbindungsmittelanzahl zu. Bei den in praxi ausgeführten Verbindungen in den Schmalseiten von flächigen Bauteilen aus Brettsperrholz ist die Gefahr eines Aufspaltens geringer einzuschätzen als in den Versuchskonfigurationen. Ebenso lassen sich bei flächigen Bauteilen problemlos größere Einbindetiefen der Verbindungsmittel realisieren. Größere Holzdicken führen zu Verbindungen mit einer größeren Schlankheit ($\lambda = t\,/\,d$) die üblicherweise eine Spaltgefahr reduzieren, vgl. Schmid (2002).

Für Verbindungen mit Schrauben wurde die Abschertragfähigkeit eines Verbindungsmittels nach der Theorie von Johansen mit der Lochleibungsfestigkeit nach Gleichung (13) berechnet. Die zusätzlichen Tragfähigkeitsanteile aus dem Einhängeeffekt ΔR_{la} wurden analog zur Vorgehensweise in Abschnitt 6.2.2 berücksichtigt. Die Herausziehtragfähigkeit wurde hierbei mit Gleichung (27) berechnet.

Bild 6-18 und Bild 6-19 zeigt auf der Ordinate die Maximallasten der geprüften Verbindungen. Auf der Abszisse sind die zugehörigen Vorhersagewerte der Tragfähigkeit aufgetragen.

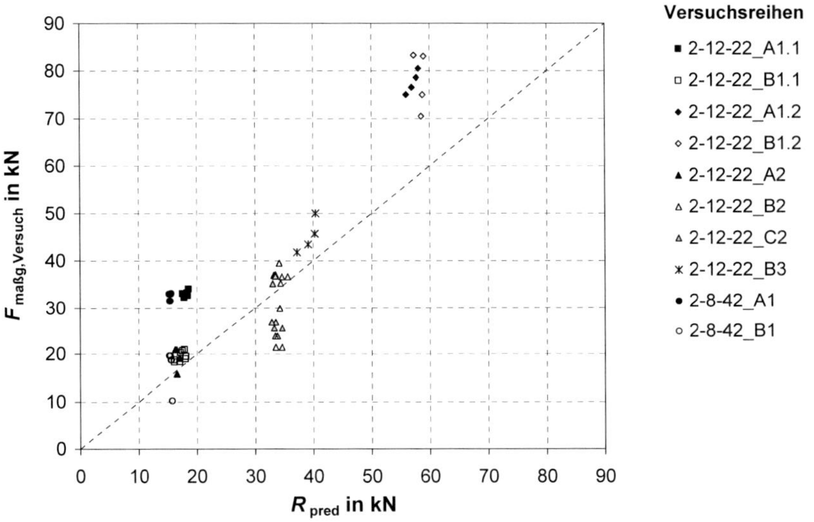

Bild 6-18 Versuchsergebnisse für Schraubenverbindungen in den Schmalflächen im Vergleich zu den Erwartungswerten der Tragfähigkeit

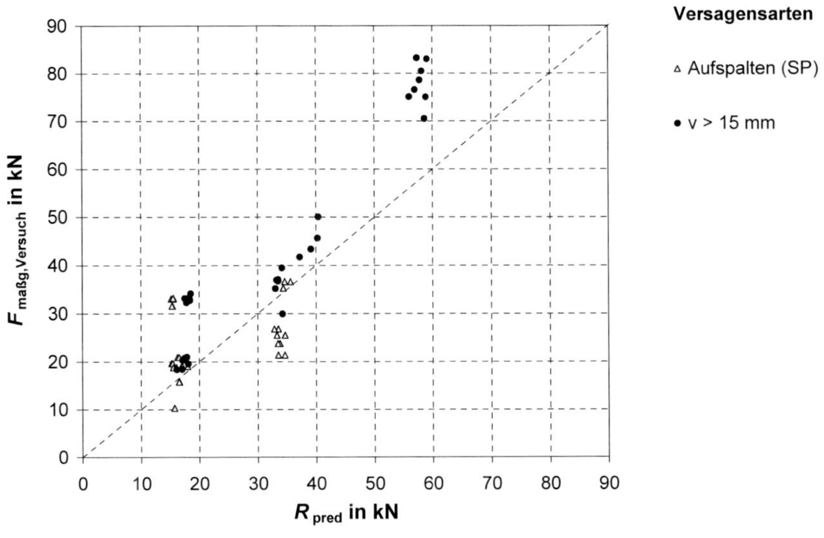

Bild 6-19 Versuchsergebnisse für Schraubenverbindungen in den Schmalflächen im Vergleich zu den Erwartungswerten der Tragfähigkeit für die verschiedenen Versagensarten

In einigen Versuchsreihen liegen die erzielten Tragfähigkeiten deutlich unterhalb der Erwartungswerte. In diesen Versuchsreihen trat ein Versagen durch Aufspalten ein, welches auf die Wahl zu geringer Abstände zurückzuführen ist. Damit zeigte sich, dass die in Einschraubversuchen ermittelten Mindestabstände der Schrauben untereinander und zum Rand nicht ausreichen, um bei Abscherbeanspruchung ein Aufspalten zuverlässig zu vermeiden.

Bei den übrigen Versuchsreihen wurden die Abstände der Schrauben und die Holzdicken vergrößert. Ein Aufspalten konnte somit zumeist verhindert werden. Die Erwartungswerte und Versuchsergebnisse zeigen eine gute Übereinstimmung.

6.3 Anmerkungen zur Bemessung und Ausbildung von Anschlüssen

Auf Basis der Erkenntnisse aus den in den Kapiteln 3 und 4 beschriebenen Grundlagenversuchen sowie den in Abschnitt 6.1 und 6.2 vorgeschlagenen Berechnungsmodellen können Verbindungen mit stiftförmigen Verbindungsmitteln in BSPH bemessen werden. Die Vorgehensweise wurde im Abschnitt 6.2 für Verbindungsmittel in Schmal- und Seitenflächen ausführlich erläutert.

Zur Ermittlung der Bemessungswerte der Tragfähigkeit oder der charakteristischen Tragfähigkeit werden die charakteristischen Werte für die Parameter Lochleibungsfestigkeit und Ausziehtragfähigkeit benötigt. Eine Übersicht der Vorschläge für die charakteristischen Werte der tragfähigkeitsrelevanten Parameter von Verbindungsmitteln in BSPH ist in Tabelle 6-7 zusammengestellt. Teilweise sind diese Vorschläge noch durch weitere Untersuchungen abzusichern.

Bei Verbindungen mit Stabdübeln in den Seitenflächen ist der Einfluss des Blockscherens auf die Tragfähigkeit noch im Detail zu klären. Durch Vergrößerung der Mindestabstände der Verbindungsmittel untereinander von $a_1 = 4 \cdot d$ auf $a_1 = 5 \cdot d$ kann für BSPH-BSPH-Verbindungen die Gefahr des Blockscherens reduziert werden.

Bei Anwendung des vereinfachten Berechnungsmodells für die Tragfähigkeit von Stabdübeln in den Seitenflächen sind für die verwendeten Aufbauten der BSPH die Gültigkeitsgrenzen durch Vergleichsrechnungen am analytisch genauerem Modell zu überprüfen. Wird bei BSPH mit dickeren Brettlagen und schlanken Verbindungsmitteln mit geringem Biegewiderstand ein Fließgelenk in den Decklagen ausgebildet, kann auch die Lochleibungsfestigkeit der Decklagen zur Berechnung der Tragfähigkeit herangezogen werden. Tritt kein Blockscheren auf, so liefert die Berechnung nach dem vereinfachten Modell bei Belastung parallel zur Faserrichtung i. d. R. konservative Tragfähigkeiten. Bei Belastung rechtwinklig zur Faserrichtung wird die Tragfähigkeit durch den vereinfachten Ansatz zumeist überschätzt. Ist für diesen Fall die Anwendung des vereinfachten Modells nicht abgesichert, ergibt eine Berechnung mit der Lochleibungsfestigkeit der Decklagen konservative Werte für die Tragfähigkeit.

Eine Beeinflussung der Abschertragfähigkeit durch die Anordnung der Verbindungsmittel in Fugen konnte nicht festgestellt werden bzw. wird durch die entsprechenden Lochleibungsfestigkeiten bereits erfasst.

Werden Verbindungen mit Schrauben oder Nägeln auf Herausziehen beansprucht, so sollten die Verbindungsmittel mindestens drei Brettlagen durchdringen. Des Weiteren sind in den Anschlüssen mehrere Verbindungsmittel in mindestens zwei Verbindungsmittelreihen anzuordnen. Für Schrauben und Nägel kleinerer Durchmesser sind Einschränkungen für die Verwendung in BSPH mit Fugen bzw. Nuten zu beachten.

Für die Ausführung von Verbindungen werden die Mindestabstände, Mindestdicken bzw. Mindesteinbindetiefen gemäß Tabelle 6-8 bis Tabelle 6-10 vorgeschlagen.

Tabelle 6-7 Vorschläge zur Berechnung der tragfähigkeitsrelevanten Parameter für Verbindungen in Brettsperrholz

	Beanspruchung	Stabdübel, Passbolzen	Schrauben, Nägel
Seitenfläche	Abscheren	- vereinfachtes Berechnungsmodell: $f_{h,k}$ nach Gleichung (5) od. (6) - genaues Berechnungsmodell: $f_{h,k}$ nach Gleichung (36)	- BSPH mit Brettlagendicken $t_i \leq 9$ mm: $f_{h,k}$ nach Gleichung (9) - BSPH mit Brettlagendicken $t_i > 9$ mm: $f_{h,k}$ wie für Vollholz
Seitenfläche	Herausziehen	-	- Schrauben: $R_{ax,k}$ nach Gleichung (29) - Sondernägel (TFK III): $R_{ax,k}$ nach Gleichung (31)
Schmalfläche	Abscheren	$f_{h,k}$ nach Gleichung (11)	$f_{h,k}$ nach Gleichung (14)
Schmalfläche	Herausziehen	-	- Schrauben: $R_{ax,k}$ nach Gleichung (29) - Sondernägel (TFK III): $R_{ax,k}$ nach Gleichung (31)

Tabelle 6-8 Vorschläge für die Mindestabstände von Verbindungsmitteln in den Seitenflächen von BSPH

Verbindungsmittel	$a_{1,t}$	$a_{1,c}$	a_1	$a_{2,t}$	$a_{2,c}$	a_2
Schrauben[1)]	$6 \cdot d$	$6 \cdot d$	$4 \cdot d$	$6 \cdot d$	$2{,}5 \cdot d$	$2{,}5 \cdot d$
Nägel	$(7 + 3 \cdot \cos \alpha) \cdot$ d	$6 \cdot d$	$(3 + 3 \cdot \cos \alpha) \cdot d$	$(3 + 4 \cdot \sin \alpha) \cdot d$	$3 \cdot d$	$3 \cdot d$
Stabdübel	$5 \cdot$ d	$4 \cdot$ d $\cdot \sin \alpha$ (min. $3 \cdot d$)	$(3 + 2 \cdot \cos \alpha) \cdot d$	$3 \cdot d$	$3 \cdot d$	$4 \cdot d$

α Winkel zwischen Kraftrichtung und Faserrichtung der Decklagen

1) selbstbohrende Holzschrauben ohne Bohrspitze

Tabelle 6-9 Vorschläge für die Mindestabstände von Verbindungsmitteln in den Schmalflächen von BSPH bei Belastung in Plattenebene

Verbindungsmittel	$a_{1,t}$	$a_{1,c}$	a_1	$a_{2,c}$	a_2
Schrauben[1)]	$12 \cdot d$	$7 \cdot d$	$10 \cdot d$	$5 \cdot d$	$3 \cdot d$
Stabdübel	$5 \cdot d$	$3 \cdot d$	$4 \cdot d$	$3 \cdot d$	$4 \cdot d$
1) selbstbohrende Holzschrauben ohne Bohrspitze					

Tabelle 6-10 Mindestholzdicken u. Mindesteinbindetiefen für Verbindungsmittel in den Schmalflächen von BSPH bei Belastung in Plattenebene

Verbindungs-mittel	Mindestdicke der maßgebenden Brettlage t_i in mm	Mindestdicke des Brettsperrholzes t_{BSPH} in mm	Mindestholzdicke Mindesteinbinde-tiefe der VM t_1 , t_2 in mm
Schrauben	$d > 8$ mm: $3 \cdot d$ $d \leq 8$ mm: $2 \cdot d$	$10 \cdot d$	$10 \cdot d$
Stabdübel	d	$6 \cdot d$	$5 \cdot d$

6.4 Einfluss der Lasteinwirkungsdauer auf die Tragfähigkeit

Die Tragfähigkeit von Verbindungen in BSPH kann mit den in Abschnitt 6.2 beschriebenen Modellen berechnet werden. Die Kurzzeitversuche bestätigen mit Ausnahme der Versuche, bei denen ein Aufspalten oder Scherversagen des BSPH vorlag, die Erwartungswerte der Tragfähigkeit.

Die geringste Tragfähigkeit in den Schmalflächen von Brettsperrholz liegt vor, wenn die Verbindungsmittel parallel zur Faserrichtung eingebracht werden. Für diese Verbindungen ist es erforderlich, auch Aussagen über die Auswirkung der Lasteinwirkungsdauer und klimatischer Beanspruchungen zu treffen.

Über das Langzeitverhalten von Verbindungen mit Schrauben, die parallel zur Faserrichtung eingedreht werden, bestehen erst wenige Erkenntnisse. Zur Zeit werden eigene Versuche zur Ermittlung der Langzeittragfähigkeit von auf Herausziehen beanspruchten selbstbohrenden Holzschrauben durchgeführt. Erste Ergebnisse zeigen eine deutlich reduzierte Herausziehtragfähigkeit im Vergleich zu den Ergebnissen der Kurzzeitversuche. Zur Ermittlung des Langzeitverhaltens von Schraubenverbindungen in den Schmalflächen von Brettsperrhölzern sind sowohl Herausziehversuche als auch Zug-Scherversuche vorgesehen. Im Rahmen dieses Forschungsvorhabens werden die Dauerstandversuche aufgebaut und die Prüfkörper belastet. Die Klimadaten werden über den Versuchszeitraum kontinuierlich erfasst. Nach einem Beobachtungszeitraum von drei Jahren werden die Prüfkörper entlastet und die Tragfähigkeit im Kurzzeitversuch ermittelt.

Das Versuchsprogramm für die Herausziehversuche ist in Tabelle 6-11 zusammengefasst.

Tabelle 6-11 Langzeitversuche mit Schraubenverbindungen – Herausziehversuche

d in mm	ℓ_{ef} in mm	BSPH	Anzahl der Versuche im Bereich ohne Fuge	im Bereich einer Fuge
6	62	4.4	6	4
8	48	1.2	6	2
8	94	2.2	6	4
12	66	2.2	6	4
12	100	1.2	6	4
		Gesamt:	30	18

In die Prüfkörper wurde auf den gegenüberliegenden Hirnholzseiten einer Brettlage jeweils eine Schraube eingedreht. Der Abstand zwischen den Schraubenspitzen wird so groß gewählt, dass eine gegenseitige Beeinflussung ausgeschlossen werden kann. Neben dem Schraubendurchmesser, der wirksamen Einschraubtiefe und dem Brettsperrholztyp wird auch die Rohdichte variiert. In jeder Versuchsreihe wurden acht bis zehn gleichartige Versuche vorgesehen. Demnach waren pro Reihe vier bzw. fünf Prüfkörper erforderlich. Die Prüfkörper innerhalb einer Versuchsreihe wurden so ausgewählt, dass die Verteilung der Rohdichte der maßgebenden Brettlage für das jeweilige BSPH ungefähr repräsentiert wird.

Aus den Brettsperrholzplatten wurden jeweils für jeden Versuch der Langzeitversuche zwei zusätzliche Prüfkörper gefertigt, deren maßgebende Brettlagen die gleichen Eigenschaften aufweisen. An allen Prüfkörpern wurden zum gleichen Zeitpunkt die Schrauben montiert. An den ersten der beiden zusätzlichen Prüfkörper wird die Kurzzeittragfähigkeit bestimmt. Die zweiten zusätzlichen Prüfkörper werden unbelastet unter den gleichen klimatischen Bedingungen gelagert. Nach Abschluss der Dauerstandversuche kann an diesen Prüfkörpern zu Vergleichszwecken ebenfalls noch einmal die Tragfähigkeit im Kurzzeitversuch ermittelt werden.

Die Versuche werden im Freien unter einer Überdachung durchgeführt. Eine Bewitterung der Prüfkörper ist somit ausgeschlossen, so dass die klimatischen Verhältnisse der Nutzungsklasse 2 nach DIN 1052 entsprechen. Die Belastung der Prüfkörper erfolgt in Höhe des Bemessungswertes der Tragfähigkeit unter Berücksichtigung des Modifikationsbeiwertes für die Lasteinwirkungsdauer in Höhe von k_{mod} = 0,8. Hiermit liegt eine höhere Beanspruchung als für die Klasse der Lasteinwirkungsdauer ständig (k_{mod} = 0,6) vor, so dass auch bezogen auf die Standzeit der Versuche von drei Jahren ein konservativer Wert für die Tragfähigkeit unter Langzeitbeanspruchung erwartet werden kann. Für die Versuche werden die gleichen Schrauben bzw. Schrauben der gleichen Tragfähigkeitsklasse eingesetzt wie für die Kurzzeitversuche. Entsprechend kann der Bemessungswert der Herausziehtragfähigkeit mit dem charakteristischen Wert nach Gleichung (29) für k_{mod} = 0,8 und γ_M = 1,3 berechnet werden.

Zur Untersuchung der Abschertragfähigkeit unter Dauerbeanspruchung wurden fünf Versuchsreihen mit einschnittigen und eine Versuchsreihe mit zweischnittigen BSPH-BSPH-Verbindungen vorgesehen. Für die Anschlussbilder der Zug-Scher-Prüfkörper wurden die in Abschnitt 6.3 vorgeschlagenen Mindestabstände verwendet. Die Prüfkörperkonfigurationen sind in Tabelle 6-12 zusammengestellt.

Die Belastung erfolgt für den Bemessungswert der Tragfähigkeit mit k_{mod} = 0,8. Zusätzlich zur Erfassung der Klimadaten werden an den Prüfkörpern die Verschiebungen der Anschlüsse gemessen und regelmäßig protokolliert.

Tabelle 6-12 Langzeitversuche mit Schraubenverbindungen – Zug-Scherversuche

Versuchs-reihe	Anz.	Verbindungsmittel	Anschlussgeometrie								BSPH
			t_1 mm	t_2 mm	$a_{1,t}$ mm	a_1 mm	$a_{2,c}$ mm	s	m	n	Seiten- und Mittelholz
12.1	3	Sr 12 x 300/100	80	140	12·d	10·d	64	2	1	2	2.3
12.2	3	Sr 12 x 280	120	160	12·d	10·d	64	1	1	2	2.3
8.1	3	Sr 8 x 240/100	80	160	12·d	10·d	30	1	1	2	2.1
8.2	3	Sr 8 x 200	80	120	12·d	10·d	30	1	1	4	2.1
8.3	3	Sr 8 x 200	80	120	12·d	10·d	21	1	1	2	4.4

s: Anzahl der Scherfugen pro Verbindungsmittel
m: Anzahl Verbindungsmittelreihen
n: Anzahl der Verbindungsmittel in einer Verbindungsmittelreihe

7 Zusammenfassung

Im Rahmen dieses Forschungsvorhabens wurden Vorschläge zur Berechnung der Tragfähigkeit von Verbindungen in Seiten- und Schmalflächen von Brettsperrhölzern und zu deren Ausführung erarbeitet. Hierzu wurden die für Verbindungsmittel tragfähigkeitsrelevanten Parameter von Brettsperrhölzern ermittelt.

Empirisch wurde die Lochleibungsfestigkeit von Brettsperrhölzern für stiftförmige Verbindungsmittel bestimmt. Des Weiteren wurde die Ausziehtragfähigkeit von Schrauben und Nägeln in den Seiten- und Schmalflächen von Brettsperrhölzern untersucht. Zur experimentellen Ermittlung dieser Parameter mussten die bekannten, bereits genormten Prüfverfahren modifiziert werden. Die allgemeine Verwendbarkeit der angepassten Prüfverfahren wurde durch Versuche in OSB-Platten zum Teil bestätigt. Allgemeingültige Gleichungen zur Berechnung von Vorhersagewerten und von charakteristischen Werten der untersuchten Parameter wurden mit verschiedenen statistischen Methoden abgeleitet.

Zur Berechnung der Tragfähigkeit von stiftförmigen Verbindungsmitteln wurde die Theorie von Johansen für die Anwendung auf Brettsperrhölzer erweitert. Auf Grundlage von Zug-Scherversuchen konnten Vorschläge für die erforderlichen Mindestabstände von Verbindungsmitteln erarbeitet werden. Durch diese Versuche wurden außerdem die Berechnungsmodelle für die Tragfähigkeit von Verbindungen überprüft. Für Verbindungen mit Stabdübeln und Schrauben in den Schmalflächen sowie für Schrauben und Nägel in den Seitenflächen konnten die berechneten Traglasten verifiziert werden. Eine Verifizierung der Berechnungsmodelle für die Tragfähigkeit von Stabdübeln in den Seitenflächen war nur bedingt möglich. Die Tragfähigkeit dieser Verbindungen wurde größtenteils durch ein Blockscherversagen der Decklagen beeinflusst. Daher konnten in den betroffenen Versuchsreihen nur ca. 80 bis 97 Prozent der vorhergesagten Traglasten erreicht werden. Der Einfluss des Blockscherens auf die Tragfähigkeit konnte aufgrund der unterschiedlichen Erscheinungsformen im Rahmen dieses Forschungsvorhabens nicht abschließend geklärt werden. Hierzu sind weitere analytische und experimentelle Untersuchungen erforderlich.

Zur Ermittlung des Einflusses der Lasteinwirkungsdauer auf die Tragfähigkeit von Verbindungen mit faserparallel eingedrehten Schrauben in den Schmalflächen von Brettsperrholz wurden Dauerstandversuche geplant und aufgebaut. Hierbei werden sowohl auf Herausziehen als auch auf Abscheren beanspruchte Verbindungen untersucht. Eine abschließende Auswertung nach einer Versuchsdauer von drei Jahren soll klären, ob Verbindungen in den Schmalseiten von Brettsperrholz mit selbstbohrenden Holzschrauben zuverlässig zur Übertragung von ständigen Lasten eingesetzt werden können.

8 Literatur

Bejtka, I. (2005): Verstärkung von Bauteilen aus Holz mit Vollgewindeschrauben. Band 2 der Reihe „Karlsruher Berichte zum Ingenieurholzbau", Universitätsverlag Karlsruhe; ISSN 1860-093X; ISBN 3-937300-54-6

Blaß, H.J.; Bejtka, I. (2002a): Standardisierung und Typisierung von Anschlüssen und Verbindungen zur Rationalisierung der Planung und Fertigung im Holz-Wohnhausbau - Teil A. Forschungsbericht 2002. Versuchsanstalt für Stahl, Holz und Steine, Universität Karlsruhe (TH)

Blaß, H.J.; Bejtka, I. (2002b): Joints with Inclined Screws. CIB-W18, paper 35-7-4, Kyoto, Japan

Blaß, H.J.; Bejtka. I.; Uibel, T. (2006): Tragfähigkeit von Verbindungen mit selbstbohrenden Holzschrauben mit Vollgewinde, Karlsruher Berichte zum Ingenieurholzbau, Band 4, Lehrstuhl für Ingenieurholzbau und Baukonstruktionen (Hrsg.), Universitätsverlag Karlsruhe, ISSN 1860-093X, ISBN 3-86644-034-0

Blaß, H.J.; Ehlbeck, J.; Kreuzinger, H.; Steck, G. (2005). Text und Erläuterungen zur DIN 1052:2004-08. Bruderverlag Albert Bruder, 2005. ISBN 3-87104-146-7

Blaß, H.J.; Laskewitz, B.; (2000). Tragfähigkeit von Verbindungen an Holztafelelementen. Forschungsbericht des Lehrstuhls für Ingenieurholzbau und Baukonstruktionen, Universität Karlsruhe (TH)

Blaß, H.J.; Schmid, M.; Werner, H. (2001). Verstärkung von Verbindungen. In: Bauen mit Holz 103 (2001), Heft 9, S. 40-48.

Blaß, H.J.; Werner, H. (1988). Stabdübelverbindungen mit verstärkten Anschlussbereichen. In: Bauen mit Holz 90 (1988), S. 601-607.

Ehlbeck, J.; Werner, H.; (1992). Tragfähigkeit von Laubholzverbindungen mit stabförmigen Verbindungsmitteln. Forschungsbericht des Lehrstuhls für Ingenieurholzbau und Baukonstruktionen, Universität Karlsruhe (TH)

Hilson, B.O.; (1995). Verbindungen mit stiftförmigen Verbindungsmitteln - Theorie. In: Blaß, H.J.; Görlacher, R.; Steck, G. (Hrsg.): Holzbauwerke STEP 1 - Bemessung und Baustoffe, Fachverlag Holz, Düsseldorf, 1995

Hilson, B.O.; Whale, L.R.J.; Pope, D.J.; Smith, I. (1987). Characteristic properties of nailed and bolted joints under short-term lateral load. Part 3 - Analysis and interpretation of embedment test data in terms of density related trends. In: Journal of the Institute of Wood Science, Vol. 11, Nr. 2, S.65-71.

Johansen, K. W. (1949): Theory of timber connections. In: International Association for Bridge and Structural Engineering, Vol. 9, S.249-262

Rodd, P.D.; (1988). Timber Joints with Improved Circular Dowel Fasteners. Proceedings of the International Conference of Timber Engineering, Seattle, USA, Vol.1 S.26-37

Rodd, P.D.; Anderson, C.; Whale, L.R.J.; Smith, I. (1987). Characteristic properties of nailed and bolted joints under short-term lateral load. Part 2 - Embedment test apparatus for wood-based sheet material. In: Journal of the Institute of Wood Science, Vol. 11, Nr. 2, S.60-64.

Schmid, M. (2002). Anwendung der Bruchmechanik auf Verbindungen mit Holz. 5. Folge - Heft 7. Berichte der Versuchsanstalt für Stahl, Holz und Steine der Universität Fridericiana in Karlsruhe (TH)

Smith, I; Whale, L.R.J. (1987). Characteristic properties of nailed and bolted joints under short-term lateral load. Part 1 - Research philosophy and test programme. In: Journal of the Institute of Wood Science, Vol. 11, Nr. 2, S.53-59.

Werner, H. (1993). Tragfähigkeit von Holz-Verbindungen mit stiftförmigen Verbindungsmitteln unter Berücksichtigung streuender Einflussgrößen. 4. Folge - Heft 28. Berichte der Versuchsanstalt für Stahl, Holz und Steine der Universität Fridericiana in Karlsruhe (TH)

Whale, L.R.J.; Smith, I. (1989). A method for measuring the embedding characteristics of wood and wood-based materials. In: Materials and Structures 22 (1989), S.403-410.

Whale, L.R.J.; Smith, I.; Hilson, B.O. (1989). Characteristic properties of nailed and bolted joints under short-term lateral load. Part 4 - Influence of testing mode and fastener diameter upon embedment test data. In: Journal of the Institute of Wood Science, Vol. 11, Nr. 5, S.156-161.

9 Verwendete Normen

DIN 1052, Teil 2, Ausgabe April 1988. Holzbauwerke - Mechanische Verbindungen

DIN 1052, Ausgabe August 2004. Entwurf, Berechnung und Bemessung von Holzbauwerken - Allgemeine Bemessungsregeln und Bemessungsregeln für den Hochbau

DIN 4074, Teil 1, Ausgabe Juni 2003, Sortierung von Holz nach der Tragfähigkeit - Teil 1: Nadelschnittholz

DIN EN 383, Ausgabe Oktober 1993. Holzbauwerke; Prüfverfahren: Bestimmung der Lochleibungsfestigkeit und Bettungswerte für stiftförmige Verbindungsmittel

prEN 383, Ausgabe März 2006. Holzbauwerke; Prüfverfahren: Bestimmung der Lochleibungsfestigkeit und Bettungswerte für stiftförmige Verbindungsmittel

DIN EN 409, Ausgabe Oktober 1993. Holzbauwerke; Prüfverfahren: Bestimmung des Fließmomentes von stiftförmigen Verbindungsmittel; Nägel

prEN 409, Ausgabe März 2006. Holzbauwerke; Prüfverfahren: Bestimmung des Fließmoments von stiftförmigen Verbindungsmitteln

DIN EN 1382, Ausgabe März 2000. Holzbauwerke; Prüfverfahren: Ausziehtragfähigkeit von Holzverbindungsmitteln

DIN EN 14358 (Entwurf), Ausgabe März 2002. Bauholz für tragende Zwecke; Berechnung der 5%-Quantile für charakteristische Werte, Deutsche Fassung prEN 14358:2002

DIN EN 26891, Ausgabe Juli 1991. Holzbauwerke; Verbindungen mit mechanischen Verbindungsmitteln; Allgemeine Grundsätze für die Ermittlung der Tragfähigkeit und des Verformungsverhaltens (ISO 6891:1983)

10 Anhang

10.1 Anhang zum Abschnitt 3.2

Tabelle 10-1 Ergebnisse der Lochleibungsversuche mit Stabdübeln, d = 24 mm in BSPH 1.2, Versuchsreihe 1.1-S24-A

Reihe 1.1-S24-A, SDü / Pb, d = 24 mm, BSPH 1.2, t = 85 mm, Belastungsrichtung A										
α	Anordnung	Anz.	ρ_{mean} in kg/m³	$f_{h,mean}$ in N/mm²	$f_{h,min}$ in N/mm²	$f_{h,max}$ in N/mm²	Variations-koeffizient	$k_{i,mean}$ in kN/mm	$k_{s,mean}$ in kN/mm	$f_{h,corr,mean}$ in N/mm²
0°	1	5	473	32,3	31,0	34,4	0,053	87,1	98,4	26,4
0°	2	5	471	27,7	24,7	29,0	0,063	96,5	90,6	22,8
0°	3	5	462	31,3	30,7	32,2	0,022	92,0	97,9	26,4
0°	4	5	468	30,4	28,7	32,8	0,059	85,1	90,7	25,3
Gesamt:		20	469	30,4	24,7	34,4	0,075	90,2	94,4	25,2

Tabelle 10-2 Ergebnisse der Lochleibungsversuche mit Stabdübeln, d = 24 mm in BSPH 1.2, Versuchsreihe 1.1-S24-B

Reihe 1.1-S24-B, SDü / Pb, d = 24 mm, BSPH 1.2, t = 85 mm, Belastungsrichtung B										
α	Anordnung	Anz.	ρ_{mean} in kg/m³	$f_{h,mean}$ in N/mm²	$f_{h,min}$ in N/mm²	$f_{h,max}$ in N/mm²	Variations-koeffizient	$k_{i,mean}$ in kN/mm	$k_{s,mean}$ in kN/mm	$f_{h,corr,mean}$ in N/mm²
90°	1	5	464	30,4	26,4	33,5	0,098	90,2	91,0	25,5
90°	2	5	463	28,2	26,2	30,2	0,061	60,9	67,0	23,6
90°	3	5	460	25,3	23,2	27,3	0,057	82,1	77,8	21,4
90°	4	5	466	27,7	26,8	29,1	0,031	62,7	65,0	23,0
Gesamt:		20	463	27,9	23,2	33,5	0,092	74,0	75,2	23,4

Tabelle 10-3 Ergebnisse der Lochleibungsversuche mit Stabdübeln, d = 24 mm in BSPH 2.2, Versuchsreihe 1.2-S24-A

Reihe 1.2-S24-A, SDü / Pb, d = 24 mm, BSPH 2.2, t = 78 mm, Belastungsrichtung A										
α	Anordnung	Anz.	ρ_{mean} in kg/m³	$f_{h,mean}$ in N/mm²	$f_{h,min}$ in N/mm²	$f_{h,max}$ in N/mm²	Variations-koeffizient	$k_{i,mean}$ in kN/mm	$k_{s,mean}$ in kN/mm	$f_{h,corr,mean}$ in N/mm²
0°	1	5	440	23,0	20,4	24,6	0,069	95,8	97,8	20,5
0°	2	5	452	22,9	18,9	25,7	0,111	64,8	65,6	19,8
0°	3	5	488	25,6	21,1	31,5	0,148	62,7	63,6	20,1
0°	4	5	446	21,1	20,0	22,4	0,045	54,3	53,6	18,5
Gesamt:		20	457	23,1	18,9	31,5	0,121	69,4	70,2	19,7

Tabelle 10-4 Ergebnisse der Lochleibungsversuche mit Stabdübeln, d = 24 mm in BSPH 2.2, Versuchsreihe 1.2-S24-B

Reihe 1.2-S24-B, SDü / Pb, d = 24 mm, BSPH 2.2, t = 78 mm, Belastungsrichtung B										
KFW α	Anordnung	Anz.	ρ_{mean} in kg/m³	$f_{h,mean}$ in N/mm²	$f_{h,min}$ in N/mm²	$f_{h,max}$ in N/mm²	Variations-koeffizient	$k_{i,mean}$ in kN/mm	$k_{s,mean}$ in kN/mm	$f_{h,corr,mean}$ in N/mm²
90°	1	5	482	28,5	26,4	31,3	0,066	72,6	75,3	22,8
90°	2	5	443	25,3	21,6	29,8	0,121	59,4	64,6	22,6
90°	3	5	448	25,4	21,8	30,1	0,139	61,5	64,4	22,0
90°	4	5	434	24,1	19,3	27,8	0,130	58,3	59,3	21,9
	Gesamt:	20	452	25,8	19,3	31,3	0,123	62,9	65,9	22,3

Tabelle 10-5 Ergebnisse der Lochleibungsversuche mit Stabdübeln, d = 24 mm in BSPH 2.2, Versuchsreihe 1.2-S24-C

Reihe 1.2-S24-C, SDü / Pb, d = 24 mm, BSPH 2.2, t = 78 mm, Belastungsrichtung C										
KFW α	Anordnung	Anz.	ρ_{mean} in kg/m³	$f_{h,mean}$ in N/mm²	$f_{h,min}$ in N/mm²	$f_{h,max}$ in N/mm²	Variations-koeffizient	$k_{i,mean}$ in kN/mm	$k_{s,mean}$ in kN/mm	$f_{h,corr,mean}$ in N/mm²
45°	1	5	457	25,2	22,8	27,3	0,071	57,2	63,4	21,5
45°	2	5	495	24,1	20,1	26,0	0,097	57,0	67,4	18,7
45°	3	5	454	22,4	18,6	28,1	0,190	43,9	55,2	19,1
45°	4	5	433	21,2	19,0	26,0	0,139	46,6	47,8	19,3
	Gesamt:	20	460	23,2	18,6	28,1	0,136	51,2	58,5	19,6

Tabelle 10-6 Ergebnisse der Lochleibungsversuche mit Stabdübeln, d = 24 mm in BSPH 4.4, Versuchsreihe 1.4-S24-A

Reihe 1.4-S24-A, SDü / Pb, d = 24 mm, BSPH 4.4, t = 42 mm, Belastungsrichtung A										
KFW α	Anordnung	Anz.	ρ_{mean} in kg/m³	$f_{h,mean}$ in N/mm²	$f_{h,min}$ in N/mm²	$f_{h,max}$ in N/mm²	Variations-koeffizient	$k_{i,mean}$ in kN/mm	$k_{s,mean}$ in kN/mm	$f_{h,corr,mean}$ in N/mm²
0°	1	5	481	32,0	29,4	35,7	0,074	74,2	77,6	25,7
0°	2	5	452	28,3	26,6	29,2	0,037	79,4	80,6	24,5
0°	3	5	470	31,8	28,7	37,3	0,105	70,2	74,3	26,1
0°	4	5	451	29,2	27,5	33,1	0,078	77,9	77,9	25,3
	Gesamt:	20	464	30,3	26,6	37,3	0,090	75,4	77,6	25,4

Tabelle 10-7 Ergebnisse der Lochleibungsversuche mit Stabdübeln, d = 20 mm in BSPH 1.2, Versuchsreihe 1.1-S20-A

Reihe 1.1-S20-A, SDü / Pb, d = 20 mm, BSPH 1.2, t = 85 mm, Belastungsrichtung A										
α	Anordnung	Anz.	ρ_{mean} in kg/m³	$f_{h,mean}$ in N/mm²	$f_{h,min}$ in N/mm²	$f_{h,max}$ in N/mm²	Variations-koeffizient	$k_{i,mean}$ in kN/mm	$k_{s,mean}$ in kN/mm	$f_{h,corr,mean}$ in N/mm²
0°	1	5	454	32,7	30,3	35,0	0,057	45,3	52,5	28,2
0°	2	5	484	32,3	28,4	34,6	0,073	35,8	42,4	25,7
0°	3	5	433	31,8	29,7	33,5	0,048	33,9	41,6	28,9
0°	4	5	479	32,3	29,7	35,6	0,068	30,2	35,4	26,0
	Gesamt:	20	463	32,3	28,4	35,6	0,058	36,3	43,0	27,2

Tabelle 10-8 Ergebnisse der Lochleibungsversuche mit Stabdübeln, d = 20 mm in BSPH 1.2, Versuchsreihe 1.1-S20-B

Reihe 1.1-S20-B, SDü / Pb, d = 20 mm, BSPH 1.2, t = 85 mm, Belastungsrichtung B										
α	Anordnung	Anz.	ρ_{mean} in kg/m³	$f_{h,mean}$ in N/mm²	$f_{h,min}$ in N/mm²	$f_{h,max}$ in N/mm²	Variations-koeffizient	$k_{i,mean}$ in kN/mm	$k_{s,mean}$ in kN/mm	$f_{h,corr,mean}$ in N/mm²
90°	1	5	447	31,9	30,8	32,9	0,025	31,0	36,0	27,9
90°	2	5	487	31,9	29,7	35,0	0,068	28,7	33,8	25,2
90°	3	5	446	28,4	24,9	31,4	0,081	29,1	33,0	24,9
90°	4	5	500	32,4	29,3	36,1	0,086	29,1	33,8	24,7
90°	5	10	473	25,6	23,8	31,5	0,095	41,1	39,2	21,0
	Gesamt:	30	471	29,3	23,8	36,1	0,124	33,3	35,8	24,1

Tabelle 10-9 Ergebnisse der Lochleibungsversuche mit Stabdübeln, d = 20 mm in BSPH 1.2, Versuchsreihe 1.1-S20-C

Reihe 1.1-S20-C, SDü / Pb, d = 20 mm, BSPH 1.2, t = 85 mm, Belastungsrichtung C										
α	Anordnung	Anz.	ρ_{mean} in kg/m³	$f_{h,mean}$ in N/mm²	$f_{h,min}$ in N/mm²	$f_{h,max}$ in N/mm²	Variations-koeffizient	$k_{i,mean}$ in kN/mm	$k_{s,mean}$ in kN/mm	$f_{h,corr,mean}$ in N/mm²
45°	1	5	493	31,2	28,6	34,0	0,065	47,8	45,4	24,3
45°	2	5	490	25,3	21,4	30,1	0,135	38,5	37,7	19,8
45°	3	5	484	29,7	27,5	32,7	0,065	46,4	41,8	23,6
45°	4	5	494	30,8	22,1	36,5	0,188	63,9	56,0	23,8
	Gesamt:	20	490	29,2	21,4	36,5	0,141	49,7	45,6	22,9

Tabelle 10-10 Ergebnisse der Lochleibungsversuche mit Stabdübeln, d = 20 mm in BSPH 4.4, Versuchsreihe 1.4-S20-A

Reihe 1.4-S20-A, SDü / Pb, d = 20 mm, BSPH 4.4, t = 42 mm, Belastungsrichtung A										
KFW α	Anordnung	Anz.	ρ_{mean} in kg/m³	$f_{h,mean}$ in N/mm²	$f_{h,min}$ in N/mm²	$f_{h,max}$ in N/mm²	Variations-koeffizient	$k_{i,mean}$ in kN/mm	$k_{s,mean}$ in kN/mm	$f_{h,corr,mean}$ in N/mm²
0°	1	5	451	29,4	26,5	31,9	0,072	52,3	50,6	25,5
0°	2	5	460	29,9	28,1	34,9	0,094	51,2	45,2	25,3
0°	3	5	455	31,5	30,1	33,6	0,047	59,3	56,2	26,9
0°	4	5	485	30,9	28,1	32,1	0,052	60,8	54,3	24,5
	Gesamt:	20	463	30,4	26,5	34,9	0,068	55,9	51,6	25,6

Tabelle 10-11 Ergebnisse der Lochleibungsversuche mit Stabdübeln, d = 20 mm in BSPH 4.4, Versuchsreihe 1.4-S20-B

Reihe 1.4-S20-B, SDü / Pb, d = 20 mm, BSPH 4.4, t = 42 mm, Belastungsrichtung B										
KFW α	Anordnung	Anz.	ρ_{mean} in kg/m³	$f_{h,mean}$ in N/mm²	$f_{h,min}$ in N/mm²	$f_{h,max}$ in N/mm²	Variations-koeffizient	$k_{i,mean}$ in kN/mm	$k_{s,mean}$ in kN/mm	$f_{h,corr,mean}$ in N/mm²
90°	1	5	465	31,0	28,0	34,6	0,106	48,4	45,1	25,8
90°	2	5	466	29,9	27,8	31,9	0,050	36,6	34,4	25,0
90°	3	5	473	29,9	27,4	32,4	0,060	42,8	40,3	24,4
90°	4	5	464	27,9	25,4	31,4	0,089	38,9	34,9	23,5
	Gesamt:	20	467	29,7	25,4	34,6	0,082	41,7	38,7	24,7

Tabelle 10-12 Ergebnisse der Lochleibungsversuche mit Stabdübeln, d = 16 mm in BSPH 2.1, Versuchsreihe 1.2-S16-A

Reihe 1.2-S16-A, SDü / Pb, d = 16 mm, BSPH 2.1, t = 60 mm, Belastungsrichtung A										
KFW α	Anordnung	Anz.	ρ_{mean} in kg/m³	$f_{h,mean}$ in N/mm²	$f_{h,min}$ in N/mm²	$f_{h,max}$ in N/mm²	Variations-koeffizient	$k_{i,mean}$ in kN/mm	$k_{s,mean}$ in kN/mm	$f_{h,corr,mean}$ in N/mm²
0°	1	5	427	29,6	26,0	32,3	0,096	35,6	39,7	27,3
0°	2	5	430	29,1	26,4	30,4	0,053	39,1	42,1	26,7
0°	3	5	420	30,8	26,7	35,5	0,109	41,3	43,7	29,0
0°	4	5	445	28,1	26,0	31,9	0,082	41,9	44,7	24,8
	Gesamt:	20	430	29,4	26,0	35,5	0,088	39,5	42,5	27,0

Tabelle 10-13 Ergebnisse der Lochleibungsversuche mit Stabdübeln, d = 16 mm in BSPH 2.1, Versuchsreihe 1.2-S16-B

Reihe 1.2-S16-B, SDü / Pb, d = 16 mm, BSPH 2.1, t = 60 mm, Belastungsrichtung B										
KFW α	Anordnung	Anz.	ρ_{mean} in kg/m³	$f_{h,mean}$ in N/mm²	$f_{h,min}$ in N/mm²	$f_{h,max}$ in N/mm²	Variations-koeffizient	$k_{i,mean}$ in kN/mm	$k_{s,mean}$ in kN/mm	$f_{h,corr,mean}$ in N/mm²
90°	1	5	402	26,4	22,9	30,6	0,111	38,1	38,2	26,2
90°	2	5	443	27,8	22,5	33,3	0,165	32,9	34,2	24,6
90°	3	5	448	29,3	25,7	34,5	0,136	40,5	40,6	25,5
90°	4	5	444	26,0	23,7	30,2	0,103	33,2	32,9	23,0
90°	5	10	427	24,8	21,6	30,0	0,115	19,4	21,4	22,9
	Gesamt:	30	432	26,5	21,6	34,5	0,133	30,6	31,5	24,2

Tabelle 10-14 Ergebnisse der Lochleibungsversuche mit Stabdübeln, d = 16 mm in BSPH 3.1, Versuchsreihe 1.3-S16-A

Reihe 1.3-S16-A, SDü / Pb, d = 16 mm, BSPH 3.1, t = 17 mm, Belastungsrichtung A										
KFW α	Anordnung	Anz.	ρ_{mean} in kg/m³	$f_{h,mean}$ in N/mm²	$f_{h,min}$ in N/mm²	$f_{h,max}$ in N/mm²	Variations-koeffizient	$k_{i,mean}$ in kN/mm	$k_{s,mean}$ in kN/mm	$f_{h,corr,mean}$ in N/mm²
0°	1	5	448	32,8	30,6	36,1	0,067	28,8	27,3	28,7
0°	2	5	439	33,6	30,6	36,6	0,079	24,3	23,5	30,0
0°	3	5	461	31,9	30,1	36,1	0,079	28,3	26,7	26,9
0°	4	5	447	30,8	26,1	35,0	0,104	20,1	19,1	27,1
	Gesamt:	20	449	32,3	26,1	36,6	0,083	25,4	24,1	28,2

Tabelle 10-15 Ergebnisse der Lochleibungsversuche mit Stabdübeln, d = 16 mm in BSPH 3.1, Versuchsreihe 1.3-S16-B

Reihe 1.3-S16-B, SDü / Pb, d = 16 mm, BSPH 3.1, t = 17 mm, Belastungsrichtung B										
KFW α	Anordnung	Anz.	ρ_{mean} in kg/m³	$f_{h,mean}$ in N/mm²	$f_{h,min}$ in N/mm²	$f_{h,max}$ in N/mm²	Variations-koeffizient	$k_{i,mean}$ in kN/mm	$k_{s,mean}$ in kN/mm	$f_{h,corr,mean}$ in N/mm²
90°	1	4	467	33,2	30,9	36,4	0,083	30,6	28,6	27,5
90°	2	5	478	31,7	26,9	36,5	0,129	27,5	25,9	25,6
90°	3	4	453	27,4	22,0	33,3	0,179	30,0	27,5	23,7
90°	4	5	434	25,0	23,9	26,4	0,043	20,3	19,1	22,8
	Gesamt:	18	458	29,2	22,0	36,5	0,158	26,7	25,0	24,8

Tabelle 10-16 Ergebnisse der Lochleibungsversuche mit Stabdübeln, d = 16 mm in BSPH 4.3, Versuchsreihe 1.4-S16-A

Reihe 1.4-S16-A, SDü / Pb, d = 16 mm, BSPH 4.3, t = 25 mm, Belastungsrichtung A										
KFW α	Anordnung	Anz.	ρ_{mean} in kg/m³	$f_{h,mean}$ in N/mm²	$f_{h,min}$ in N/mm²	$f_{h,max}$ in N/mm²	Variations-koeffizient	$k_{i,mean}$ in kN/mm	$k_{s,mean}$ in kN/mm	$f_{h,corr,mean}$ in N/mm²
0°	1	5	457	31,8	28,5	35,5	0,089	23,0	27,0	27,1
0°	2	5	483	34,3	31,4	41,0	0,113	32,5	40,6	27,3
0°	3	5	470	32,2	26,7	41,7	0,186	32,7	33,8	26,4
0°	4	5	456	30,8	26,8	34,3	0,096	37,3	36,8	26,3
	Gesamt:	20	466	32,3	26,7	41,7	0,124	31,4	34,6	26,8

Tabelle 10-17 Ergebnisse der Lochleibungsversuche mit Stabdübeln, d = 16 mm in BSPH 4.3, Versuchsreihe 1.4-S16-B

Reihe 1.4-S16-B, SDü / Pb, d = 16 mm, BSPH 4.3, t = 25 mm, Belastungsrichtung B										
KFW α	Anordnung	Anz.	ρ_{mean} in kg/m³	$f_{h,mean}$ in N/mm²	$f_{h,min}$ in N/mm²	$f_{h,max}$ in N/mm²	Variations-koeffizient	$k_{i,mean}$ in kN/mm	$k_{s,mean}$ in kN/mm	$f_{h,corr,mean}$ in N/mm²
90°	1	5	445	28,7	24,9	31,0	0,080	20,9	20,6	25,2
90°	2	5	439	27,3	21,8	30,6	0,143	18,9	18,1	24,3
90°	3	5	461	26,8	23,5	33,3	0,142	23,6	22,2	22,6
90°	4	5	451	28,3	26,4	30,6	0,064	20,1	19,5	24,6
90°	5	20	460	29,7	22,0	40,4	0,150	31,1	29,2	25,0
	Gesamt:	40	454	28,7	21,8	40,4	0,134	26,0	24,6	24,6

Tabelle 10-18 Ergebnisse der Lochleibungsversuche mit Stabdübeln, d = 16 mm in BSPH 4.3, Versuchsreihe 1.4-S16-C

Reihe 1.4-S16-C, SDü / Pb, d = 16 mm, BSPH 4.3, t = 25 mm, Belastungsrichtung C										
KFW α	Anordnung	Anz.	ρ_{mean} in kg/m³	$f_{h,mean}$ in N/mm²	$f_{h,min}$ in N/mm²	$f_{h,max}$ in N/mm²	Variations-koeffizient	$k_{i,mean}$ in kN/mm	$k_{s,mean}$ in kN/mm	$f_{h,corr,mean}$ in N/mm²
45°	1	5	458	31,0	27,3	36,9	0,123	9,84	15,3	26,4
45°	2	5	470	31,8	28,6	36,3	0,092	14,3	17,9	26,2
45°	3	5	457	30,8	25,3	35,6	0,128	13,8	16,8	26,2
45°	4	5	469	29,6	27,6	32,3	0,059	11,7	15,0	24,5
	Gesamt:	20	463	30,8	25,3	36,9	0,100	12,4	16,2	25,8

Tabelle 10-19 Ergebnisse der Lochleibungsversuche mit Stabdübeln, d = 12 mm in BSPH 4.1, Versuchsreihe 1.4-S12-A

Reihe 1.4-S12-A, SDü , d = 12 mm, BSPH 4.1, t = 12 mm, Belastungsrichtung A										
KFW α	Anordnung	Anz.	ρ_{mean} in kg/m³	$f_{h,mean}$ in N/mm²	$f_{h,min}$ in N/mm²	$f_{h,max}$ in N/mm²	Variations-koeffizient	$k_{i,mean}$ in kN/mm	$k_{s,mean}$ in kN/mm	$f_{h,corr,mean}$ in N/mm²
0°	1	5	469	35,0	27,0	44,6	0,193	12,1	13,0	28,8
0°	2	5	489	36,6	33,1	39,2	0,067	16,2	18,3	28,8
0°	3	5	475	36,9	30,9	43,6	0,126	16,2	16,0	29,9
0°	4	5	468	34,1	30,4	36,5	0,076	13,0	13,7	28,4
	Gesamt:	20	475	35,6	27,0	44,6	0,120	14,4	15,3	29,0

Tabelle 10-20 Ergebnisse der Lochleibungsversuche mit Stabdübeln, d = 8 mm in BSPH 4.1, Versuchsreihe 1.4-S8-A

Reihe 1.4-S8-A, SDü, d = 8 mm, BSPH 4.1, t = 12 mm, Belastungsrichtung A										
KFW α	Anordnung	Anz.	ρ_{mean} in kg/m³	$f_{h,mean}$ in N/mm²	$f_{h,min}$ in N/mm²	$f_{h,max}$ in N/mm²	Variations-koeffizient	$k_{i,mean}$ in kN/mm	$k_{s,mean}$ in kN/mm	$f_{h,corr,mean}$ in N/mm²
0°	1	5	478	42,0	36,2	53,0	0,156	7,56	8,46	33,8
0°	2	5	458	45,8	37,5	56,9	0,155	8,28	9,35	38,9
0°	3	5	449	38,6	35,4	45,1	0,099	5,98	7,23	33,6
0°	4	5	475	38,8	36,3	43,4	0,083	7,60	9,03	31,6
	Gesamt:	20	465	41,3	35,4	56,9	0,141	7,35	8,52	34,5

Tabelle 10-21 Ergebnisse der Lochleibungsversuche mit Schrauben, d = 12 mm in BSPH 3.1, Versuchsreihe 1.3-Sr12-A

Reihe 1.3-Sr12-A, Schrauben, d = 12 mm, BSPH 3.1, t = 17 mm, Belastungsrichtung A										
KFW α	Anordnung	Anz.	ρ_{mean} in kg/m³	$f_{h,mean}$ in N/mm²	$f_{h,min}$ in N/mm²	$f_{h,max}$ in N/mm²	Variations-koeffizient	$k_{i,mean}$ in kN/mm	$k_{s,mean}$ in kN/mm	$f_{h,corr,mean}$ in N/mm²
0°	1	5	461	20,8	19,5	23,6	0,081	3,88	5,62	17,9
0°	2	5	446	19,0	17,3	21,6	0,088	6,37	7,68	17,0
0°	3	5	450	20,9	17,7	25,0	0,151	3,42	3,95	18,5
0°	4	5	440	19,3	16,6	21,4	0,090	3,66	4,96	17,5
	Gesamt:	20	449	20,0	16,6	25,0	0,108	4,33	5,55	17,7

Tabelle 10-22 Ergebnisse der Lochleibungsversuche mit Schrauben, d = 12 mm in BSPH 3.1, Versuchsreihe 1.3-Sr12-B

Reihe 1.3-Sr12-B, Schrauben, d = 12 mm, BSPH 3.1, t = 17 mm, Belastungsrichtung B										
KFW α	Anordnung	Anz.	ρ_{mean} in kg/m³	$f_{h,mean}$ in N/mm²	$f_{h,min}$ in N/mm²	$f_{h,max}$ in N/mm²	Variations-koeffizient	$k_{i,mean}$ in kN/mm	$k_{s,mean}$ in kN/mm	$f_{h,corr,mean}$ in N/mm²
90°	1	5	441	24,6	21,8	27,1	0,093	7,32	7,92	22,2
90°	2	5	448	24,7	21,8	29,3	0,119	8,08	8,74	21,8
90°	3	5	462	21,7	18,1	24,1	0,102	8,24	8,05	18,7
90°	4	5	443	22,5	20,8	27,1	0,115	6,92	7,09	20,2
	Gesamt:	20	449	23,4	18,1	29,3	0,114	7,64	7,95	20,7

Tabelle 10-23 Ergebnisse der Lochleibungsversuche mit Schrauben, d = 8 mm in BSPH 4.1, Versuchsreihe 1.4-Sr8-A

Reihe 1.4-Sr8-A, Schrauben, d = 8 mm, BSPH 4.1, t = 12 mm, Belastungsrichtung A										
KFW α	Anordnung	Anz.	ρ_{mean} in kg/m³	$f_{h,mean}$ in N/mm²	$f_{h,min}$ in N/mm²	$f_{h,max}$ in N/mm²	Variations-koeffizient	$k_{i,mean}$ in kN/mm	$k_{s,mean}$ in kN/mm	$f_{h,corr,mean}$ in N/mm²
0°	1	5	482	27,0	24,1	32,6	0,129	2,40	3,37	22,2
0°	2	5	459	24,9	19,0	30,2	0,173	1,82	2,80	21,5
0°	3	5	444	29,3	23,6	37,4	0,176	1,81	3,14	26,4
0°	4	5	463	28,2	21,9	34,9	0,170	1,81	3,00	24,1
	Gesamt:	20	462	27,3	19,0	37,4	0,162	1,96	3,07	23,6

Tabelle 10-24 Ergebnisse der Lochleibungsversuche mit Schrauben, d = 8 mm in BSPH 4.1, Versuchsreihe 1.4-Sr8-B

Reihe 1.4-Sr8-B, Schrauben, d = 8 mm, BSPH 4.1, t = 12 mm, Belastungsrichtung B										
KFW α	Anordnung	Anz.	ρ_{mean} in kg/m³	$f_{h,mean}$ in N/mm²	$f_{h,min}$ in N/mm²	$f_{h,max}$ in N/mm²	Variations-koeffizient	$k_{i,mean}$ in kN/mm	$k_{s,mean}$ in kN/mm	$f_{h,corr,mean}$ in N/mm²
90°	1	5	469	29,6	23,5	35,8	0,186	2,50	3,83	25,0
90°	2	5	451	28,3	25,9	30,1	0,065	3,25	3,92	25,0
90°	3	5	475	31,2	24,0	38,4	0,185	2,84	3,66	26,0
90°	4	5	471	31,9	21,7	44,4	0,258	2,56	2,90	26,6
	Gesamt:	20	466	30,3	21,7	44,4	0,182	2,78	3,58	25,7

Tabelle 10-25 Ergebnisse der Lochleibungsversuche mit Schrauben, d = 8 mm in BSPH 4.1, Versuchsreihe 1.4-Sr8-C

Reihe 1.4-Sr8-C, Schrauben, d = 8 mm, BSPH 4.1, t = 12 mm, Belastungsrichtung C										
KFW α	Anordnung	Anz.	ρ_{mean} in kg/m³	$f_{h,mean}$ in N/mm²	$f_{h,min}$ in N/mm²	$f_{h,max}$ in N/mm²	Variations-koeffizient	$k_{i,mean}$ in kN/mm	$k_{s,mean}$ in kN/mm	$f_{h,corr,mean}$ in N/mm²
45°	1	5	453	24,2	21,1	25,9	0,077	3,74	3,99	21,3
45°	2	5	464	24,9	21,6	28,3	0,111	3,18	3,87	21,3
45°	3	5	477	26,3	24,9	27,3	0,038	3,55	4,28	21,9
45°	4	5	462	25,3	21,4	28,7	0,131	3,26	3,54	21,7
	Gesamt:	20	464	25,2	21,1	28,7	0,093	3,43	3,92	21,6

Tabelle 10-26 Ergebnisse der Lochleibungsversuche mit Nägeln, d = 6 mm in BSPH 4.1, Versuchsreihe 1.4-Na6-A

Reihe 1.4-Na6-A, Nägel, d = 6 mm, BSPH 4.1, t = 12 mm, Belastungsrichtung A										
KFW α	Anordnung	Anz.	ρ_{mean} in kg/m³	$f_{h,mean}$ in N/mm²	$f_{h,min}$ in N/mm²	$f_{h,max}$ in N/mm²	Variations-koeffizient	$k_{i,mean}$ in kN/mm	$k_{s,mean}$ in kN/mm	$f_{h,corr,mean}$ in N/mm²
0°	1	5	452	36,7	31,6	41,6	0,115	4,45	4,80	32,3
0°	2	5	467	36,5	33,5	39,7	0,062	3,91	4,84	31,4
0°	3	5	499	43,2	37,7	56,0	0,172	4,21	5,48	34,2
0°	4	5	450	33,8	28,7	40,9	0,163	3,51	3,42	29,8
	Gesamt:	20	467	37,5	28,7	56,0	0,158	4,02	4,63	31,9

Tabelle 10-27 Ergebnisse der Lochleibungsversuche mit Nägeln, d = 4,2 mm in BSPH 4.1, Versuchsreihe 1.4-Na4.2-A

Reihe 1.4-Na4.2-A, Nägel, d = 4,2 mm, BSPH 4.1, t = 12 mm, Belastungsrichtung A											
KFW α	Anordnung	Anz.	ρ_{mean} in kg/m³	$f_{h,mean}$ in N/mm²	$f_{h,min}$ in N/mm²	$f_{h,max}$ in N/mm²	Variations-koeffizient	$k_{i,mean}$ in kN/mm	$k_{s,mean}$ in kN/mm	$f_{h,corr,mean}$ in N/mm²
0°	1	5	468	39,2	31,9	48,7	0,156	3,29	3,08	33,4
0°	2	5	493	35,7	28,9	39,4	0,120	2,86	2,73	28,6
0°	3	5	439	37,7	31,9	39,6	0,087	3,01	2,90	34,3
0°	4	5	455	39,9	35,6	46,6	0,102	2,79	2,70	34,8
	Gesamt:	20	464	38,1	28,9	48,7	0,118	2,99	2,86	32,8

Tabelle 10-28 Ergebnisse der Lochleibungsversuche mit Nägeln, d = 4,2 mm in BSPH 4.1, Versuchsreihe 1.4-Na4.2-B

Reihe 1.4-Na4.2-B, Nägel, d = 4,2 mm, BSPH 4.1, t = 12 mm, Belastungsrichtung B										
KFW α	Anordnung	Anz.	ρ_{mean} in kg/m³	$f_{h,mean}$ in N/mm²	$f_{h,min}$ in N/mm²	$f_{h,max}$ in N/mm²	Variations-koeffizient	$k_{i,mean}$ in kN/mm	$k_{s,mean}$ in kN/mm	$f_{h,corr,mean}$ in N/mm²
90°	1	5	488	43,8	30,5	57,4	0,268	2,91	2,98	35,1
90°	2	5	447	42,0	38,9	44,7	0,050	2,46	2,59	37,4
90°	3	5	455	42,7	36,5	54,6	0,164	2,47	2,62	37,2
90°	4	4	487	45,6	38,9	57,9	0,189	2,23	2,22	37,0
	Gesamt:	19	469	43,4	30,5	57,9	0,173	2,53	2,62	36,7

Tabelle 10-29 Ergebnisse der Lochleibungsversuche mit Nägeln, d = 4,2 mm in BSPH 4.1, Versuchsreihe 1.4-Na4.2-C

Reihe 1.4-Na4.2-C, Nägel, d = 4,2 mm, BSPH 4.1, t = 12 mm, Belastungsrichtung C										
KFW α	Anordnung	Anz.	ρ_{mean} in kg/m³	$f_{h,mean}$ in N/mm²	$f_{h,min}$ in N/mm²	$f_{h,max}$ in N/mm²	Variations-koeffizient	$k_{i,mean}$ in kN/mm	$k_{s,mean}$ in kN/mm	$f_{h,corr,mean}$ in N/mm²
45°	1	5	451	35,1	30,7	40,5	0,112	1,89	2,76	31,0
45°	2	5	474	35,7	27,4	44,9	0,189	2,06	2,75	29,8
45°	3	5	470	37,3	29,4	43,7	0,149	2,14	3,08	31,6
45°	4	5	465	39,4	28,2	48,1	0,190	2,02	2,74	33,6
	Gesamt:	20	465	36,9	27,4	48,1	0,159	2,03	2,83	31,5

10.2 Anhang zum Abschnitt 3.3

Tabelle 10-30 Lochleibungsversuche in der Schmalfläche mit Stabdübeln, d = 24 mm

Versuchsreihe	Anz.	ρ_{mean} in kg/m³	$f_{h,mean}$ in N/mm²	$f_{h,min}$ in N/mm²	$f_{h,max}$ in N/mm²	Variations-koeffizient	$k_{i,mean}$ in kN/mm	$k_{s,mean}$ in kN/mm	$f_{h,corr,mean}$ in N/mm²
2.2-S24-A31	11	426	9,31	6,52	12,3	0,178	14,0	15,2	8,87
2.2-S24-A32	12	438	8,19	6,75	11,5	0,167	8,65	9,50	7,56
2.2-S24-A41	16	391	20,8	17,6	24,0	0,092	43,5	54,7	21,3
2.2-S24-A11	23	480	7,33	5,06	9,5	0,145	9,43	9,81	6,22
2.2-S24-B11	18	436	9,68	7,60	11,7	0,117	14,5	13,5	8,96
2.2-S24-B13	19	468	9,58	7,57	11,9	0,111	12,3	11,6	8,31
2.2-S24-B21	11	453	14,4	12,3	16,0	0,081	18,6	23,2	12,9
2.2-S24-A51	4	426	18,1	15,6	20,9	0,145	40,8	39,9	17,1
2.2-S24-A52	5	394	15,0	14,1	16,8	0,074	22,8	25,5	15,3
2.2-S24-A53	5	421	16,4	13,8	18,5	0,114	28,8	31,2	15,6

Tabelle 10-31 Lochleibungsversuche in der Schmalfläche mit Stabdübeln, d = 16 mm

Versuchsreihe	Anz.	ρ_{mean} in kg/m³	$f_{h,mean}$ in N/mm²	$f_{h,min}$ in N/mm²	$f_{h,max}$ in N/mm²	Variations-koeffizient	$k_{i,mean}$ in kN/mm	$k_{s,mean}$ in kN/mm	$f_{h,corr,mean}$ in N/mm²
2.1-S16-A13	12	497	13,9	10,8	18,3	0,183	13,5	12,8	11,4
2.1-S16-B11	10	477	15,1	12,6	17,3	0,112	7,60	7,01	12,9
2.1-S16-B11a	10	491	16,3	13,5	21,5	0,136	15,1	14,2	13,5
2.1-S16-B13	9	453	15,0	12,8	18,5	0,106	7,34	6,42	13,4
2.1-S16-B21	10	490	12,9	10,1	14,3	0,091	14,3	14,6	10,8
2.1-S16-B21a	12	465	11,6	8,60	13,7	0,141	13,1	12,9	10,2
2.1-S16-A21	19	494	39,5	33,4	43,4	0,067	31,2	35,4	32,6
2.4-S16-A41	20	438	26,8	23,8	32,0	0,097	14,1	15,8	24,7

Tabelle 10-32 Lochleibungsversuche in der Schmalfläche mit Stabdübeln, d = 12 mm

Versuchsreihe	Anz.	ρ_{mean} in kg/m³	$f_{h,mean}$ in N/mm²	$f_{h,min}$ in N/mm²	$f_{h,max}$ in N/mm²	Variations-koeffizient	$k_{i,mean}$ in kN/mm	$k_{s,mean}$ in kN/mm	$f_{h,corr,mean}$ in N/mm²
2.1-S12-A51	6	513	20,6	16,0	27,0	0,178	12,3	13,4	16,3
2.1-S12-A52	6	473	19,7	15,6	21,8	0,108	8,20	8,40	17,1
2.1-S12-A53	6	493	19,6	15,9	22,9	0,136	12,0	12,6	16,2

Tabelle 10-33 Lochleibungsversuche in der Schmalfläche mit Stabdübeln, d = 8 mm

Versuchsreihe	Anz.	ρ_{mean} in kg/m³	$f_{h,mean}$ in N/mm²	$f_{h,min}$ in N/mm²	$f_{h,max}$ in N/mm²	Variations-koeffizient	$k_{i,mean}$ in kN/mm	$k_{s,mean}$ in kN/mm	$f_{h,corr,mean}$ in N/mm²
2.1-S08-B13	10	482	19,1	15,5	23,9	0,131	1,52	1,36	16,0
2.2-S08-A11	10	371	8,43	6,88	9,8	0,110	1,93	1,83	9,05
2.2-S08-A11-L	10	401	9,40	8,12	12,0	0,134	2,15	2,03	9,37
2.2-S08-A12	11	403	10,6	8,60	13,1	0,126	1,42	1,27	10,6
2.2-S08-A21	21	397	31,0	26,1	35,8	0,081	8,96	10,2	31,2
2.4-S08-A11	12	440	12,0	8,47	15,3	0,181	2,49	3,72	11,0
2.4-S08-A12	11	465	11,4	9,11	13,9	0,121	3,49	4,02	10,1
2.4-S08-A13	11	520	11,5	8,81	15,6	0,170	3,41	3,68	9,11
2.4-S08-A21	20	481	36,2	29,2	45,3	0,149	5,73	6,32	30,5
2.4-S08-B21	20	524	22,3	16,2	30,9	0,170	9,30	9,61	17,4

Tabelle 10-34 Lochleibungsversuche in der Schmalfläche mit Stabdübeln, d = 6 mm

Versuchsreihe	Anz.	ρ_{mean} in kg/m³	$f_{h,mean}$ in N/mm²	$f_{h,min}$ in N/mm²	$f_{h,max}$ in N/mm²	Variations-koeffizient	$k_{i,mean}$ in kN/mm	$k_{s,mean}$ in kN/mm	$f_{h,corr,mean}$ in N/mm²
2.4-S06-B13	10	477	21,3	18,0	24,3	0,090	1,06	1,06	18,1

Tabelle 10-35 Lochleibungsversuche in der Schmalfläche mit Schrauben, d = 12 mm

Versuchsreihe	Anz.	ρ_{mean} in kg/m³	$f_{h,mean}$ in N/mm²	$f_{h,min}$ in N/mm²	$f_{h,max}$ in N/mm²	Variations-koeffizient	$k_{i,mean}$ in kN/mm	$k_{s,mean}$ in kN/mm	$f_{h,corr,mean}$ in N/mm²
2.1-Sr12-A21	10	472	13,8	10,5	17,4	0,173	5,83	5,68	12,6
2.1-Sr12-B11	10	446	16,3	12,3	25,8	0,283	4,82	4,44	15,4
2.1-Sr12-B13	8	461	17,3	12,6	21,4	0,155	4,04	3,85	16,0
2.1-Sr12-B21	8	457	18,7	16,3	21,7	0,113	8,01	7,75	17,5
2.1-Sr12-B21a	10	502	16,1	9,71	20,4	0,246	6,31	6,00	14,3
2.2-Sr12-A11a	12	402	8,27	6,11	10,6	0,177	4,98	4,55	8,25
2.2-Sr12-A11b	11	461	8,49	5,28	10,8	0,205	2,27	2,10	7,89
2.2-Sr12-A12	6	424	9,85	7,23	15,5	0,299	4,18	3,73	9,56

Tabelle 10-36 Lochleibungsversuche in der Schmalfläche mit Schrauben, d = 8 mm

Versuchsreihe	Anz.	ρ_{mean} in kg/m³	$f_{h,mean}$ in N/mm²	$f_{h,min}$ in N/mm²	$f_{h,max}$ in N/mm²	Variations-koeffizient	$k_{i,mean}$ in kN/mm	$k_{s,mean}$ in kN/mm	$f_{h,corr,mean}$ in N/mm²
2.1-Sr8-A11a	11	497	10,3	6,75	14,2	0,243	2,13	1,93	9,14
2.1-Sr8-A11b	11	485	11,6	7,91	16,0	0,230	2,38	2,17	10,4
2.1-Sr8-A13	6	487	10,2	7,37	12,9	0,213	1,90	1,72	9,14
2.2-Sr8-A21a	11	384	17,6	14,0	24,0	0,207	2,57	2,77	17,9
2.2-Sr8-A21b	10	391	17,7	14,3	20,7	0,114	3,19	3,22	18,0
2.2-Sr8-B11	11	395	9,03	7,09	13,9	0,257	1,91	1,88	9,07
2.2-Sr8-B13	12	395	11,2	8,68	15,2	0,182	2,88	2,79	11,3
2.2-Sr8-B21	20	391	21,9	14,3	34,1	0,207	3,04	3,11	22,1

Tabelle 10-37 Lochleibungsversuche in der Schmalfläche mit Schrauben, d = 6 mm

Versuchsreihe	Anz.	ρ_{mean} in kg/m³	$f_{h,mean}$ in N/mm²	$f_{h,min}$ in N/mm²	$f_{h,max}$ in N/mm²	Variations-koeffizient	$k_{i,mean}$ in kN/mm	$k_{s,mean}$ in kN/mm	$f_{h,corr,mean}$ in N/mm²
2.2-Sr6-B11	12	392	11,6	7,28	18,7	0,298	2,22	2,04	11,6
2.2-Sr6-B13	11	403	11,9	9,14	17,4	0,218	2,53	2,25	11,8
2.4-Sr6-A11a	6	444	11,3	8,33	15,7	0,237	2,52	2,68	10,6
2.4-Sr6-A11b	6	443	9,86	8,95	11,4	0,095	2,33	2,51	9,31
2.4-Sr6-A11c	6	440	10,1	8,52	11,3	0,105	2,44	2,53	9,58
2.4-Sr6-A11d	6	438	10,9	8,42	15,4	0,232	2,67	2,97	10,5
2.4-Sr6-A12	6	425	10,4	9,24	11,3	0,067	1,03	1,10	10,1
2.4-Sr6-A13	6	432	11,2	7,28	17,0	0,284	1,49	1,73	10,7
2.4-Sr6-A21	5	507	15,7	14,6	16,7	0,054	1,59	1,87	13,7
2.4-Sr6-B11	12	427	24,2	18,1	36,5	0,196	1,23	1,13	23,3
2.4-Sr6-B13	12	432	24,1	20,5	28,3	0,104	1,24	1,14	23,0

Tabelle 10-38 Lochleibungsversuche in der Schmalfläche mit Nägeln, d = 4,2 mm

Versuchsreihe	Anz.	ρ_{mean} in kg/m³	$f_{h,mean}$ in N/mm²	$f_{h,min}$ in N/mm²	$f_{h,max}$ in N/mm²	Variations-koeffizient	$k_{i,mean}$ in kN/mm	$k_{s,mean}$ in kN/mm	$f_{h,corr,mean}$ in N/mm²
2.4-Na4-A11	12	449	14,2	10,9	17,8	0,162	1,36	1,45	13,3
2.4-Na4-A12	12	466	14,9	13,1	16,9	0,094	1,55	1,58	13,7
2.4-Na4-B11	12	442	29,4	24,1	33,6	0,098	0,56	0,48	27,9
2.4-Na4-B13	12	484	30,9	26,1	37,7	0,115	0,42	0,36	27,9
2.4-Na4-B21	16	440	31,8	16,2	48,5	0,259	2,90	2,98	30,3

10.3 Anhang zum Abschnitt 3.4

Tabelle 10-39 Ergebnisse der Lochleibungsversuche mit Stabdübeln in Prüfkörpern aus Vollholz

Versuchsreihe	α	ρ_{mean} in kg/m³	Lochleibungsfestigkeit in N/mm²		
			$f_{h,\,mean}$	$f_{h,corr,mean}$	Standard-abweichung
VH-S24-A	0°	427	28,6	26,4	1,58
VH-S24-B	90°	436	15,0	13,5	1,71
VH-S16-A	0°	443	33,4	29,5	3,48
VH-S16-B	90°	427	17,3	16,1	2,45
$f_{h,corr,mean}$:	korrigierte Lochleibungsfestigkeit nach Gleichung (17) für eine Bezugsrohdichte von 400 kg/m³				

Tabelle 10-40 Ergebnisse der Lochleibungsversuche mit Nägeln in Prüfkörpern aus Vollholz

Versuchsreihe	α	ρ_{mean} in kg/m³	Lochleibungsfestigkeit in N/mm²		
			$f_{h,\,mean}$	$f_{h,corr,mean}$	Standard-abweichung
VH-Na4.2-A	0°	444	24,8	22,0	4,22
VH-Na4.2-B	90°	450	41,2	36,0	5,44
$f_{h,corr,mean}$:	korrigierte Lochleibungsfestigkeit unter Annahme eines linearen Einflusses der Rohdichte für eine Bezugsrohdichte von 400 kg/m³				

10.4 Anhang zum Abschnitt 4.2

Tabelle 10-41 Ausziehparameter für Schrauben, d = 6 mm, in den Seitenflächen von BSPH 2.1

Selbstbohrende Holzschraube mit Teilgewinde: d = 6 mm, ℓ_{ef} = 50 mm, BSPH 2.1									
Anordnung	Anz. Vers.	$f_{1,mean}$ N/mm²	ρ_{mean} kg/m³	$f_{1,corr,mean}$ N/mm²	$f_{1,corr,min}$ N/mm²	$f_{1,corr,max}$ N/mm²	Variations-koeffizient	$f_{1,k,DIN1052}$ N/mm²	$f_{1,k,EN14358}$ N/mm²
1.1	6	21,7	419	20,9	18,8	23,2	0,076	16,3	16,5
1.2	6	20,0	418	19,3	17,2	22,5	0,097	15,1	14,1
1.3	6	18,4	412	18,0	16,8	19,7	0,068	14,1	14,6
1.4	6	19,4	451	17,7	14,3	19,6	0,107	13,6	12,4
Gesamt:	24	19,9	425	19,0	14,3	23,2	0,107	15,4	14,9

$f_{1,corr}$ Korrigierter Wert des Ausziehparameters nach Gl. (21)
$f_{1,k}$ Charakteristischer Wert des Ausziehparameters in Anlehnung an DIN 1052, Anhang C bzw. DIN EN14358

Tabelle 10-42 Ausziehparameter für Schrauben, d = 6 mm, in den Seitenflächen von BSPH 4.4

Selbstbohrende Holzschraube mit Teilgewinde: d = 6 mm, ℓ_{ef} = 51 mm, BSPH 4.4									
Anordnung	Anz. Vers.	$f_{1,mean}$ N/mm²	ρ_{mean} kg/m³	$f_{1,corr,mean}$ N/mm²	$f_{1,corr,min}$ N/mm²	$f_{1,corr,max}$ N/mm²	Variations-koeffizient	$f_{1,k,DIN1052}$ N/mm²	$f_{1,k,EN14358}$ N/mm²
1.1	5	21,4	437	20,0	17,3	26,6	0,186	11,3	9,2
1.2	6	20,8	448	19,1	17,2	25,2	0,158	12,5	10,7
1.3	6	19,7	445	18,2	14,7	21,4	0,129	13,1	11,6
1.4	5	21,1	449	19,3	18,2	22,2	0,085	14,8	14,5
Gesamt:	22	20,7	445	19,1	14,7	26,6	0,139	14,5	13,7

$f_{1,corr}$ Korrigierter Wert des Ausziehparameters nach Gl. (21)
$f_{1,k}$ Charakteristischer Wert des Ausziehparameters in Anlehnung an DIN 1052, Anhang C bzw. DIN EN14358

Tabelle 10-43 Ausziehparameter für Schrauben, d = 8 mm, in den Seitenflächen von BSPH 1.2

Selbstbohrende Holzschraube mit Teilgewinde: d = 8 mm, ℓ_{ef} = 76 mm, BSPH 1.2									
Anordnung	Anz. Vers.	$f_{1,mean}$ N/mm²	ρ_{mean} kg/m³	$f_{1,corr,mean}$ N/mm²	$f_{1,corr,min}$ N/mm²	$f_{1,corr,max}$ N/mm²	Variations-koeffizient	$f_{1,k,DIN1052}$ N/mm²	$f_{1,k,EN14358}$ N/mm²
1.1	6	19,5	443	18,1	14,8	20,2	0,117	13,5	12,2
1.2	6	18,8	463	16,9	15,1	19,7	0,091	13,2	12,6
1.3	6	16,9	442	15,7	13,5	18,2	0,117	11,7	10,6
1.4	6	19,1	469	16,9	14,7	19,0	0,086	13,2	12,8
Gesamt:	24	18,6	454	16,9	13,5	20,2	0,110	13,7	13,1

$f_{1,corr}$ Korrigierter Wert des Ausziehparameters nach Gl. (21)
$f_{1,k}$ Charakteristischer Wert des Ausziehparameters in Anlehnung an DIN 1052, Anhang C bzw. DIN EN14358

Tabelle 10-44 Ausziehparameter für Schrauben, d = 8 mm, in den Seitenflächen von BSPH 2.3

Selbstbohrende Holzschraube mit Teilgewinde: d = 8 mm, ℓ_{ef} = 76 mm, BSPH 2.3									
Anordnung	Anz. Vers.	$f_{1,mean}$ N/mm²	ρ_{mean} kg/m³	$f_{1,corr,mean}$ N/mm²	$f_{1,corr,min}$ N/mm²	$f_{1,corr,max}$ N/mm²	Variations-koeffizient	$f_{1,k,DIN1052}$ N/mm²	$f_{1,k,EN14358}$ N/mm²
1.1	6	17,3	431	16,4	13,7	18,3	0,108	12,5	11,4
1.2	7	16,8	418	16,2	14,2	19,1	0,094	12,8	12,1
1.3	6	19,0	424	18,2	15,6	21,9	0,117	13,6	12,2
1.4	7	15,4	425	14,7	11,1	17,0	0,146	10,2	8,95
Gesamt:	26	17,0	424	16,3	11,1	21,9	0,134	12,5	11,9

$f_{1,corr}$ Korrigierter Wert des Ausziehparameters nach Gl. (21)
$f_{1,k}$ Charakteristischer Wert des Ausziehparameters in Anlehnung an DIN 1052, Anhang C bzw. DIN EN14358

Tabelle 10-45 Ausziehparameter für Schrauben, d = 12 mm, in den Seitenflächen von BSPH 2.3

Selbstbohrende Holzschraube mit Teilgewinde: d = 12 mm, ℓ_{ef} = 100 mm, BSPH 2.3									
Anordnung	Anz. Vers.	$f_{1,mean}$ N/mm²	ρ_{mean} kg/m³	$f_{1,corr,mean}$ N/mm²	$f_{1,corr,min}$ N/mm²	$f_{1,corr,max}$ N/mm²	Variations-koeffizient	$f_{1,k,DIN1052}$ N/mm²	$f_{1,k,EN14358}$ N/mm²
1.1	6	16,3	425	15,6	14,3	17,4	0,070	12,2	12,5
1.2	6	15,1	431	14,3	10,1	17,8	0,196	8,19	6,45
1.3	5	15,9	424	15,3	13,3	16,9	0,101	11,7	10,8
1.4	6	15,8	435	14,8	13,0	17,5	0,121	10,9	9,79
Gesamt:	23	15,8	429	15,0	10,1	17,8	0,125	11,7	11,2

$f_{1,corr}$ Korrigierter Wert des Ausziehparameters nach Gl. (21)
$f_{1,k}$ Charakteristischer Wert des Ausziehparameters in Anlehnung an DIN 1052, Anhang C bzw. DIN EN14358

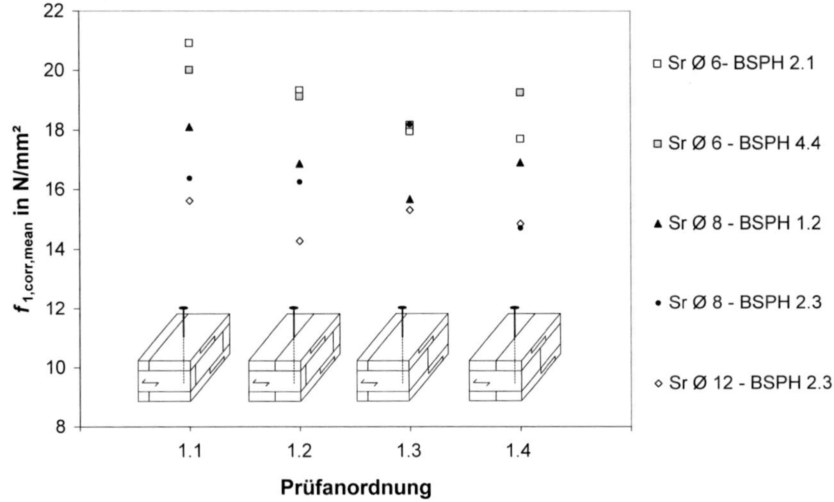

Bild 10-1 Einfluss der Anordnung von Schrauben auf den Ausziehparameter für eine Bezugsrohdichte von 400 kg/m³

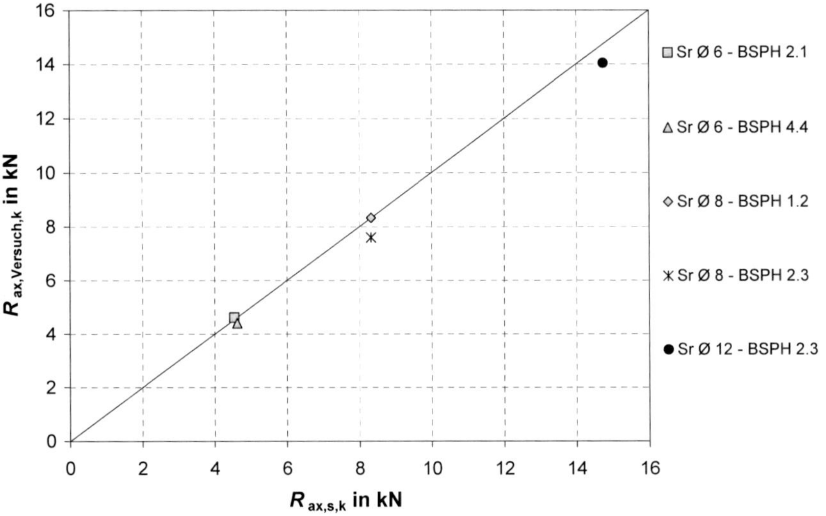

Bild 10-2 Charakteristische Werte der einzelnen Versuchsreihen (nach Anhang C, DIN 1052) gegenüber berechneten charakteristischen Werten nach Gleichung (22)

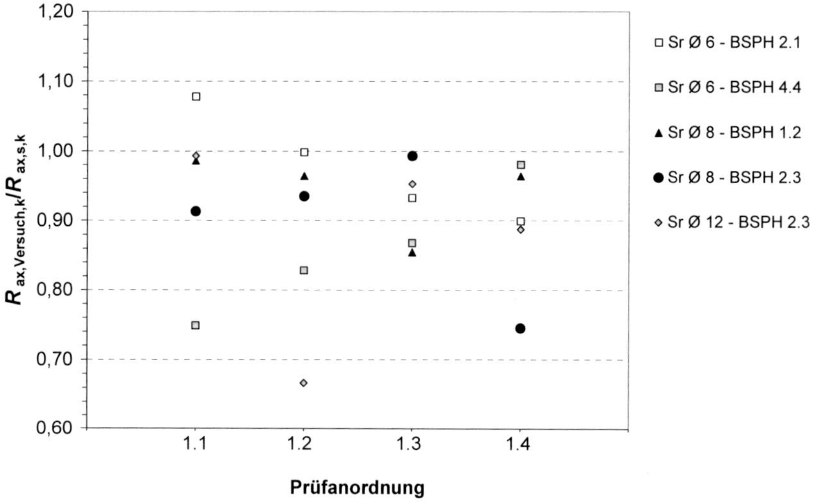

Bild 10-3 Verhältnis der charakteristischen Tragfähigkeiten in den einzelnen Anordnungen (gem. DIN 1052, Anhang C) zu den charakteristischen Tragfähigkeiten nach dem Regressionsmodell nach Gl. (22)

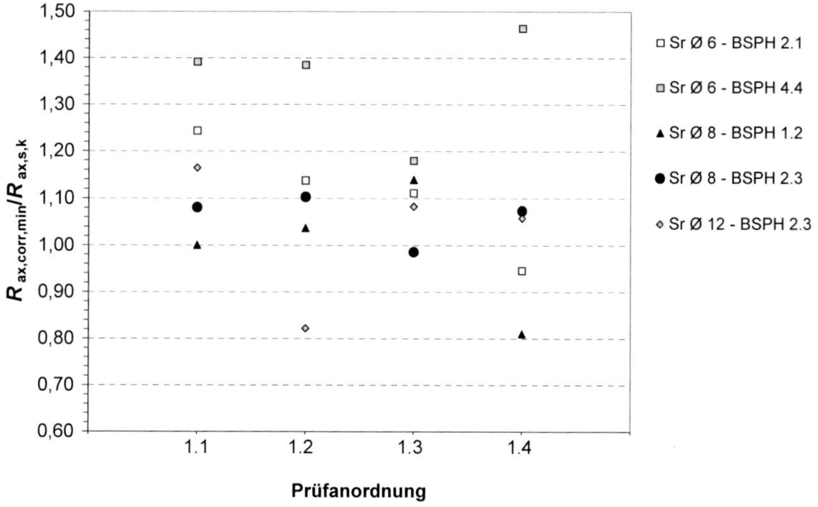

Bild 10-4 Kleinstwerte der Ausziehtragfähigkeit aus den Versuchen im Verhältnis zur charakteristischen Tragfähigkeit nach Gleichung (22)

Tabelle 10-46 Ausziehparameter für Nägel, d = 3,1 mm, in den Seitenflächen von BSPH 1.2

Nägel der Tragfähigkeitsklasse III: d = 3,1 mm, ℓ_{ef} = 50 mm, BSPH 1.2

Anordnung	Anz. Vers.	$f_{1,mean}$ N/mm²	ρ_{mean} kg/m³	$f_{1,corr,mean}$ N/mm²	$f_{1,corr,min}$ N/mm²	$f_{1,corr,max}$ N/mm²	Variations-koeffizient	$f_{1,k,DIN1052}$ N/mm²	$f_{1,k,EN14358}$ N/mm²
1.1	3	14,6	507	12,0	10,8	13,0	0,096	7,96	7,27
1.2	3	13,9	484	11,9	11,1	12,3	0,061	7,89	8,92
1.3	3	12,4	484	10,7	9,33	12,0	0,123	6,26	5,29
1.4	4	11,1	492	9,42	7,69	10,1	0,123	6,37	5,35
Gesamt:	13	12,9	492	10,9	7,69	13,0	0,138	8,08	7,55

$f_{1,corr}$ Korrigierter Wert des Ausziehparameters nach Gl. (25)
$f_{1,k}$ Charakteristischer Wert des Ausziehparameters in Anlehnung an DIN 1052, Anhang C bzw. DIN EN 14358

Tabelle 10-47 Ausziehparameter für Nägel, d = 3,1 mm, in den Seitenflächen von BSPH 2.1

Nägel der Tragfähigkeitsklasse III: d = 3,1 mm, ℓ_{ef} = 50 mm, BSPH 2.1

Anordnung	Anz. Vers.	$f_{1,mean}$ N/mm²	ρ_{mean} kg/m³	$f_{1,corr,mean}$ N/mm²	$f_{1,corr,min}$ N/mm²	$f_{1,corr,max}$ N/mm²	Variations-koeffizient	$f_{1,k,DIN1052}$ N/mm²	$f_{1,k,EN14358}$ N/mm²
1.1	6	13,9	419	13,5	12,0	14,6	0,072	10,6	10,78
1.2	6	14,3	439	13,3	11,2	15,6	0,122	9,76	8,76
1.3	6	14,8	474	13,0	11,2	14,8	0,117	9,68	8,74
1.4	6	14,0	454	12,6	10,5	15,6	0,141	8,73	7,63
Gesamt:	24	14,3	446	13,1	10,5	15,6	0,110	10,6	10,2

$f_{1,corr}$ Korrigierter Wert des Ausziehparameters nach Gl. (25)
$f_{1,k}$ Charakteristischer Wert des Ausziehparameters in Anlehnung an DIN 1052, Anhang C bzw. DIN EN 14358

Tabelle 10-48 Ausziehparameter für Nägel, d = 3,1 mm, in den Seitenflächen von BSPH 3.1

Nägel der Tragfähigkeitsklasse III: d = 3,1 mm, ℓ_{ef} = 20 mm, BSPH 3.1

Anordnung	Anz. Vers.	$f_{1,mean}$ N/mm²	ρ_{mean} kg/m³	$f_{1,corr,mean}$ N/mm²	$f_{1,corr,min}$ N/mm²	$f_{1,corr,max}$ N/mm²	Variations-koeffizient	$f_{1,k,DIN1052}$ N/mm²	$f_{1,k,EN14358}$ N/mm²
1.1	6	15,0	455	13,5	10,6	16,3	0,174	8,38	6,92
1.2	6	16,6	500	13,9	12,3	16,0	0,122	10,2	9,15
1.3	6	15,0	464	13,3	12,4	14,4	0,063	10,4	11,0
1.4	6	13,6	477	11,8	9,03	15,6	0,252	5,32	3,47
Gesamt:	24	15,0	474	13,1	9,03	16,3	0,163	9,37	8,76

$f_{1,corr}$ Korrigierter Wert des Ausziehparameters nach Gl. (25)
$f_{1,k}$ Charakteristischer Wert des Ausziehparameters in Anlehnung an DIN 1052, Anhang C bzw. DIN EN 14358

Tabelle 10-49 Ausziehparameter für Nägel, d = 4,0 mm, in den Seitenflächen von BSPH 1.2

Nägel der Tragfähigkeitsklasse III: d = 4,0 mm, ℓ_{ef} = 50 mm, BSPH 1.2									
Anordnung	Anz. Vers.	$f_{1,mean}$ N/mm²	ρ_{mean} kg/m³	$f_{1,corr,mean}$ N/mm²	$f_{1,corr,min}$ N/mm²	$f_{1,corr,max}$ N/mm²	Variations-koeffizient	$f_{1,k,DIN1052}$ N/mm²	$f_{1,k,EN14358}$ N/mm²
1.1	6	15,8	451	14,4	11,9	16,2	0,113	10,9	9,84
1.2	5	14,3	459	12,8	10,1	15,7	0,188	7,19	5,80
1.3	11	10,8	461	9,65	7,85	12,2	0,156	6,78	6,19
1.4	12	8,37	448	7,65	5,18	9,50	0,171	5,18	4,68
Gesamt:	34	11,3	454	10,3	5,18	16,2	0,294	5,06	4,30

$f_{1,corr}$ Korrigierter Wert des Ausziehparameters nach Gl. (25)
$f_{1,k}$ Charakteristischer Wert des Ausziehparameters in Anlehnung an DIN 1052, Anhang C bzw. DIN EN 14358

Tabelle 10-50 Ausziehparameter für Nägel, d = 4,0 mm, in den Seitenflächen von BSPH 2.1

Nägel der Tragfähigkeitsklasse III: d = 4,0 mm, ℓ_{ef} = 55 mm, BSPH 2.1									
Anordnung	Anz. Vers.	$f_{1,mean}$ N/mm²	ρ_{mean} kg/m³	$f_{1,corr,mean}$ N/mm²	$f_{1,corr,min}$ N/mm²	$f_{1,corr,max}$ N/mm²	Variations-koeffizient	$f_{1,k,DIN1052}$ N/mm²	$f_{1,k,EN14358}$ N/mm²
1.1	6	13,2	418	12,8	11,7	15,1	0,095	10,0	9,40
1.2	6	11,0	419	10,6	8,53	12,3	0,146	7,23	6,27
1.3	6	13,0	408	12,7	10,8	15,5	0,157	8,35	7,12
1.4	6	11,2	418	10,8	9,27	12,7	0,107	8,28	7,56
Gesamt:	24	12,1	416	11,7	8,53	15,5	0,150	8,63	8,13

$f_{1,corr}$ Korrigierter Wert des Ausziehparameters nach Gl. (25)
$f_{1,k}$ Charakteristischer Wert des Ausziehparameters in Anlehnung an DIN 1052, Anhang C bzw. DIN EN 14358

Tabelle 10-51 Ausziehparameter für Nägel, d = 4,0 mm, in den Seitenflächen von BSPH 3.1

Nägel der Tragfähigkeitsklasse III: d = 4,0 mm, ℓ_{ef} = 21 mm, BSPH 3.1									
Anordnung	Anz. Vers.	$f_{1,mean}$ N/mm²	ρ_{mean} kg/m³	$f_{1,corr,mean}$ N/mm²	$f_{1,corr,min}$ N/mm²	$f_{1,corr,max}$ N/mm²	Variations-koeffizient	$f_{1,k,DIN1052}$ N/mm²	$f_{1,k,EN14358}$ N/mm²
1.1	6	12,6	440	11,7	9,95	12,8	0,089	9,15	8,78
1.2	6	15,8	501	13,2	11,9	14,9	0,076	10,3	10,39
1.3	5	11,8	444	10,9	8,83	15,8	0,263	4,22	2,56
1.4	5	14,7	492	12,5	11,3	13,6	0,070	9,59	9,95
Gesamt:	22	13,8	469	12,1	8,83	15,8	0,143	9,07	8,57

$f_{1,corr}$ Korrigierter Wert des Ausziehparameters nach Gl. (25)
$f_{1,k}$ Charakteristischer Wert des Ausziehparameters in Anlehnung an DIN 1052, Anhang C bzw. DIN EN 14358

Tabelle 10-52 Ausziehparameter für Nägel, d = 6,0 mm, in den Seitenflächen von BSPH 2.1

Nägel der Tragfähigkeitsklasse III: d = 6,0 mm, ℓ_{ef} = 66 mm, BSPH 2.1									
Anordnung	Anz. Vers.	$f_{1,mean}$ N/mm²	ρ_{mean} kg/m³	$f_{1,corr,mean}$ N/mm²	$f_{1,corr,min}$ N/mm²	$f_{1,corr,max}$ N/mm²	Variations-koeffizient	$f_{1,k,DIN1052}$ N/mm²	$f_{1,k,EN14358}$ N/mm²
1.1	6	10,6	428	10,1	9,30	11,4	0,077	7,90	7,92
1.2	6	10,9	427	10,4	8,86	11,7	0,099	8,13	7,52
1.3	5	10,2	440	9,45	8,34	10,4	0,079	7,25	7,28
1.4	6	11,8	437	11,0	10,1	12,1	0,076	8,60	8,66
Gesamt:	23	10,9	433	10,3	8,34	12,1	0,095	8,50	8,30

$f_{1,corr}$ Korrigierter Wert des Ausziehparameters nach Gl. (25)
$f_{1,k}$ Charakteristischer Wert des Ausziehparameters in Anlehnung an DIN 1052, Anhang C bzw. DIN EN 14358

Tabelle 10-53 Ausziehparameter für Nägel, d = 6,0 mm, in den Seitenflächen von BSPH 4.4

Nägel der Tragfähigkeitsklasse III: d = 6,0 mm, ℓ_{ef} = 48 mm, BSPH 4.4									
Anordnung	Anz. Vers.	$f_{1,mean}$ N/mm²	ρ_{mean} kg/m³	$f_{1,corr,mean}$ N/mm²	$f_{1,corr,min}$ N/mm²	$f_{1,corr,max}$ N/mm²	Variations-koeffizient	$f_{1,k,DIN1052}$ N/mm²	$f_{1,k,EN14358}$ N/mm²
1.1	6	10,1	426	9,61	8,16	10,7	0,113	7,24	6,57
1.2	6	9,81	443	9,09	7,50	11,4	0,183	5,46	4,43
1.3	6	10,1	456	9,16	8,20	10,7	0,096	7,16	6,70
1.4	6	10,5	457	9,48	7,97	11,0	0,110	7,21	6,56
Gesamt:	24	10,1	445	9,34	7,50	11,4	0,123	7,33	7,00

$f_{1,corr}$ Korrigierter Wert des Ausziehparameters nach Gl. (25)
$f_{1,k}$ Charakteristischer Wert des Ausziehparameters in Anlehnung an DIN 1052, Anhang C bzw. DIN EN 14358

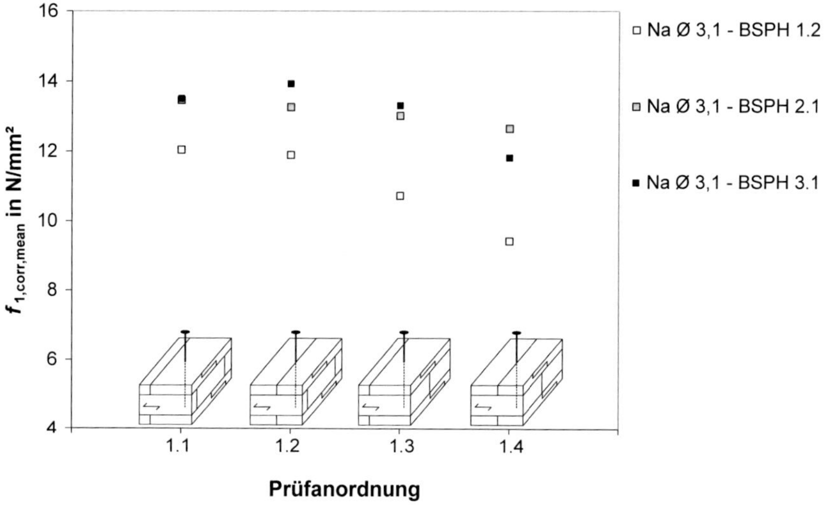

Bild 10-5 Herausziehversuche mit Nägeln d = 3,1 mm, Mittelwerte der korrigierten Ausziehparameter, Bezugsrohdichte 400 kg/m³

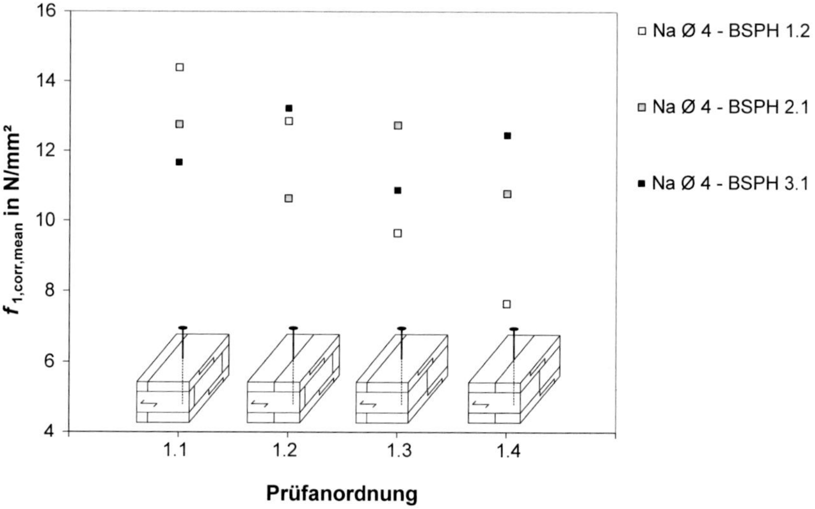

Bild 10-6 Herausziehversuche mit Nägeln d = 4,0 mm, Mittelwerte der korrigierten Ausziehparameter, Bezugsrohdichte 400 kg/m³

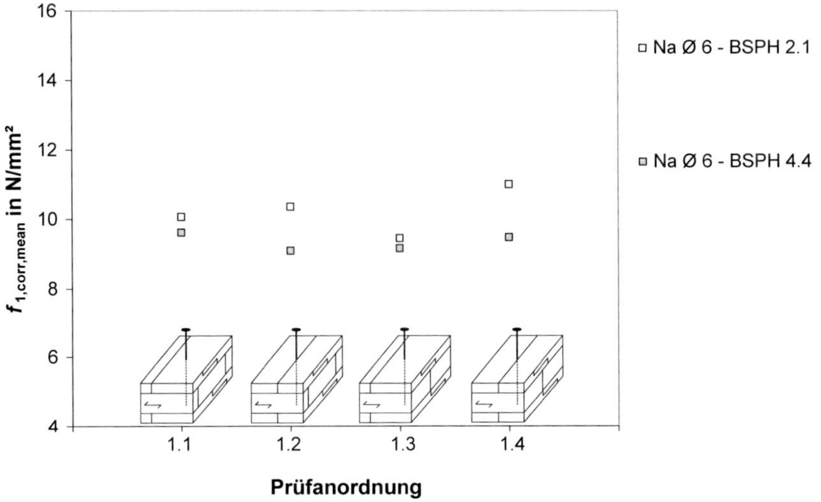

Bild 10-7 Herausziehversuche mit Nägeln d = 6,0 mm, Mittelwerte der korrigierten Ausziehparameter, Bezugsrohdichte 400 kg/m³

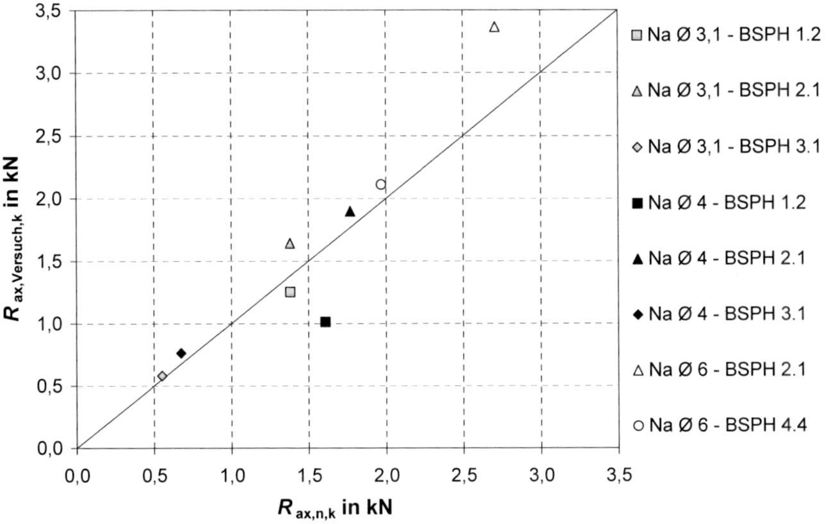

Bild 10-8 Charakteristische Werte der einzelnen Versuchsreihen (nach Anhang C, DIN 1052) gegenüber berechneten charakteristischen Werten nach Gleichung (26)

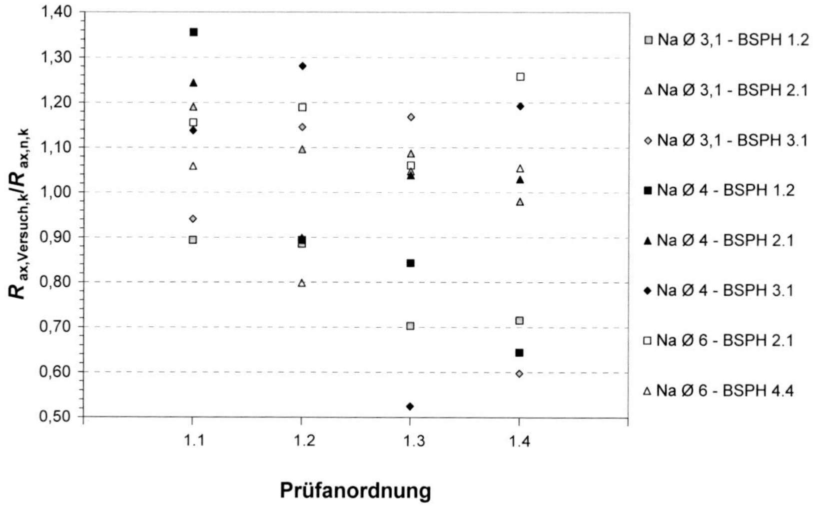

Bild 10-9 Verhältnis der charakteristischen Tragfähigkeiten in den einzelnen Anordnungen (gem. DIN 1052, Anhang C) zu den charakteristischen Tragfähigkeiten nach dem Regressionsmodell nach Gl. (26)

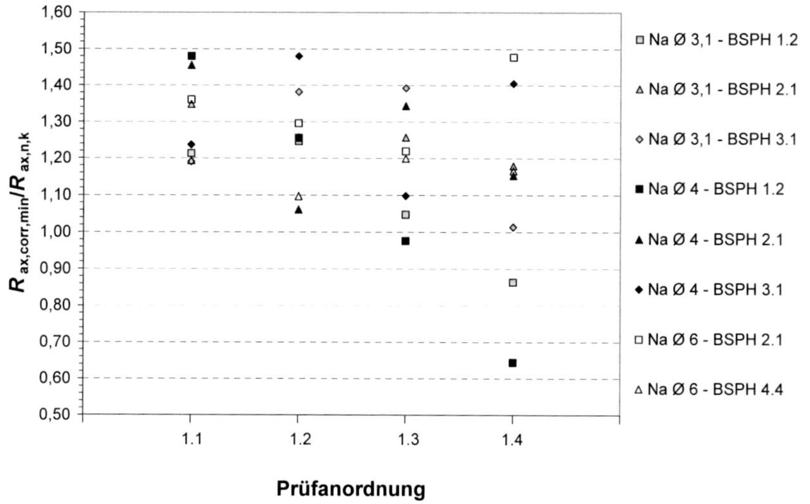

Bild 10-10 Kleinstwerte der Ausziehtragfähigkeit aus den Versuchen im Verhältnis zur charakteristischen Tragfähigkeit nach Gleichung (26)

10.5 Anhang zum Abschnitt 4.3

Tabelle 10-54 Ausziehparameter für Schrauben, d = 6 mm, in den Schmalflächen von BSPH 2.1

Selbstbohrende Holzschraube mit Teilgewinde: d = 6 mm, ℓ_{ef} = 50 mm, BSPH 2.1									
Anordnung	Anz. Vers.	$f_{1,mean}$ N/mm²	ρ_{mean} kg/m³	$f_{1,corr,mean}$ N/mm²	$f_{1,corr,min}$ N/mm²	$f_{1,corr,max}$ N/mm²	Variations-koeffizient	$f_{1,k,DIN1052}$ N/mm²	$f_{1,k,EN14358}$ N/mm²
A	20	22,4	450	20,7	16,3	26,0	0,148	15,3	14,4
B.1	10	17,4	432	16,5	12,7	20,6	0,140	12,1	11,1
B.2	5	18,6	444	17,3	13,1	19,6	0,148	11,3	9,85
C	19	19,6	409	19,3	17,0	23,1	0,102	15,8	15,2

$f_{1,corr}$ Korrigierter Wert des Ausziehparameters nach Gl. (21)

$f_{1,k}$ Charakteristischer Wert des Ausziehparameters in Anlehnung an DIN 1052, Anhang C bzw. DIN EN 14358

Tabelle 10-55 Ausziehparameter für Schrauben, d = 6 mm, in den Schmalflächen von BSPH 4.4

Selbstbohrende Holzschraube mit Teilgewinde: d = 6 mm, ℓ_{ef} = 50 mm, BSPH 4.4									
Anordnung	Anz. Vers.	$f_{1,mean}$ N/mm²	ρ_{mean} kg/m³	$f_{1,corr,mean}$ N/mm²	$f_{1,corr,min}$ N/mm²	$f_{1,corr,max}$ N/mm²	Variations-koeffizient	$f_{1,k,DIN1052}$ N/mm²	$f_{1,k,EN14358}$ N/mm²
A	21	22,9	434	21,7	16,6	26,2	0,148	16,1	15,1
B.1	11	19,2	448	17,7	15,6	19,8	0,087	14,3	14,2
C	20	22,4	430	21,2	14,6	31,3	0,183	14,4	13,2

$f_{1,corr}$ Korrigierter Wert des Ausziehparameters nach Gl. (21)

$f_{1,k}$ Charakteristischer Wert des Ausziehparameters in Anlehnung an DIN 1052, Anhang C bzw. DIN EN 14358

Tabelle 10-56 Ausziehparameter für Schrauben, d = 8 mm, in den Schmalflächen von BSPH 1.2

Selbstbohrende Holzschraube mit Teilgewinde: d =8 mm, ℓ_{ef} = 76 mm, BSPH 1.2									
Anordnung	Anz. Vers.	$f_{1,mean}$ N/mm²	ρ_{mean} kg/m³	$f_{1,corr,mean}$ N/mm²	$f_{1,corr,min}$ N/mm²	$f_{1,corr,max}$ N/mm²	Variations-koeffizient	$f_{1,k,DIN1052}$ N/mm²	$f_{1,k,EN14358}$ N/mm²
A	19	14,5	446	13,4	8,38	19,5	0,198	8,69	7,84
B.1	10	13,7	473	12,0	7,70	15,8	0,248	6,29	5,04
B.2	6	12,2	461	10,9	9,69	15,0	0,184	6,53	5,28
C	22	18,6	435	17,6	12,6	26,8	0,187	11,8	10,9

$f_{1,corr}$ Korrigierter Wert des Ausziehparameters nach Gl. (21)
$f_{1,k}$ Charakteristischer Wert des Ausziehparameters in Anlehnung an DIN 1052, Anhang C bzw. DIN EN 14358

Tabelle 10-57 Ausziehparameter für Schrauben, d = 8 mm, in den Schmalflächen von BSPH 2.3

Selbstbohrende Holzschraube mit Teilgewinde: d =8 mm, ℓ_{ef} = 76 mm, BSPH 2.3									
Anordnung	Anz. Vers.	$f_{1,mean}$ N/mm²	ρ_{mean} kg/m³	$f_{1,corr,mean}$ N/mm²	$f_{1,corr,min}$ N/mm²	$f_{1,corr,max}$ N/mm²	Variations-koeffizient	$f_{1,k,DIN1052}$ N/mm²	$f_{1,k,EN14358}$ N/mm²
A	23	12,9	381	13,4	8,94	23,0	0,255	7,42	6,43
B.1	12	12,1	382	12,4	9,59	15,6	0,167	8,49	7,70
B.2	4	13,8	413	13,6	11,1	16,2	0,155	8,06	6,20
C	22	19,1	430	18,0	12,6	25,1	0,139	13,6	12,9

$f_{1,corr}$ Korrigierter Wert des Ausziehparameters nach Gl. (21)
$f_{1,k}$ Charakteristischer Wert des Ausziehparameters in Anlehnung an DIN 1052, Anhang C bzw. DIN EN 14358

Tabelle 10-58 Ausziehparameter für Schrauben, d = 12 mm, in den Schmalflächen von BSPH 2.3

Selbstbohrende Holzschraube mit Teilgewinde: d =12 mm, ℓ_{ef} = 100 mm, BSPH 2,3									
Anordnung	Anz. Vers.	$f_{1,mean}$ N/mm²	ρ_{mean} kg/m³	$f_{1,corr,mean}$ N/mm²	$f_{1,corr,min}$ N/mm²	$f_{1,corr,max}$ N/mm²	Variations-koeffizient	$f_{1,k,DIN1052}$ N/mm²	$f_{1,k,EN14358}$ N/mm²
A	17	10,6	370	11,3	7,75	17,5	0,228	6,64	5,84
B.1	11	11,6	388	11,9	9,26	15,9	0,146	8,60	7,90
C	16	15,6	374	16,5	14,1	22,8	0,142	12,2	11,4

$f_{1,corr}$ Korrigierter Wert des Ausziehparameters nach Gl. (21)
$f_{1,k}$ Charakteristischer Wert des Ausziehparameters in Anlehnung an DIN 1052, Anhang C bzw. DIN EN 14358

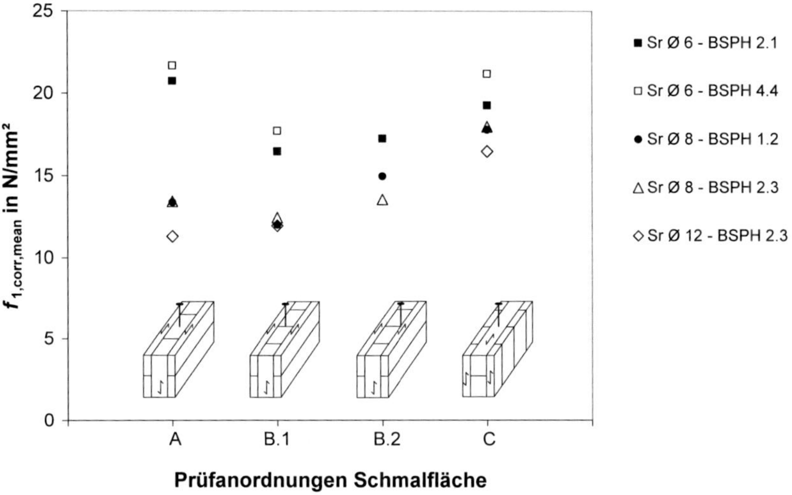

Bild 10-11 Herausziehversuche mit Schrauben in Schmalflächen, Mittelwerte der korrigierten Ausziehparameter, Bezugsrohdichte 400 kg/m³

Tabelle 10-59 Ausziehparameter für Nägel, d = 3,1 mm, in den Schmalflächen von BSPH 1.2

Nägel der Tragfähigkeitsklasse III: d = 3,1 mm, ℓ_{ef} = 50 mm, BSPH 1.2

Anordnung	Anz. Vers.	$f_{1,mean}$ N/mm²	ρ_{mean} kg/m³	$f_{1,corr,mean}$ N/mm²	$f_{1,corr,min}$ N/mm²	$f_{1,corr,max}$ N/mm²	Variations-koeffizient	$f_{1,k,DIN1052}$ N/mm²	$f_{1,k,EN14358}$ N/mm²
A	7	3,96	450	3,61	2,88	4,34	0,121	2,70	2,44
B.1	6	4,31	486	3,68	2,73	5,09	0,272	1,50	0,88
C	4	12,7	472	11,2	10,5	12,3	0,072	8,25	8,37

$f_{1,corr}$ Korrigierter Wert des Ausziehparameters nach Gl. (25)
$f_{1,k}$ Charakteristischer Wert des Ausziehparameters in Anlehnung an DIN 1052, Anhang C bzw. DIN EN 14358

Tabelle 10-60 Ausziehparameter für Nägel, d = 3,1 mm, in den Schmalflächen von BSPH 2.1

Nägel der Tragfähigkeitsklasse III: d = 3,1 mm, ℓ_{ef} = 31 mm, BSPH 2.1

Anordnung	Anz. Vers.	$f_{1,mean}$ N/mm²	ρ_{mean} kg/m³	$f_{1,corr,mean}$ N/mm²	$f_{1,corr,min}$ N/mm²	$f_{1,corr,max}$ N/mm²	Variations-koeffizient	$f_{1,k,DIN1052}$ N/mm²	$f_{1,k,EN14358}$ N/mm²
A	12	3,84	442	3,57	2,02	5,07	0,241	1,95	1,62
B.1	12	4,32	426	4,17	2,62	6,99	0,298	1,82	1,35
C	9	13,9	431	13,1	11,7	14,5	0,081	10,5	10,6

$f_{1,corr}$ Korrigierter Wert des Ausziehparameters nach Gl. (25)
$f_{1,k}$ Charakteristischer Wert des Ausziehparameters in Anlehnung an DIN 1052, Anhang C bzw. DIN EN 14358

Tabelle 10-61 Ausziehparameter für Nägel, d = 3,1 mm, in den Schmalflächen von BSPH 2.1

Nägel der Tragfähigkeitsklasse III: d = 3,1 mm, ℓ_{ef} = 50 mm, BSPH 2.1

Anordnung	Anz. Vers.	$f_{1,mean}$ N/mm²	ρ_{mean} kg/m³	$f_{1,corr,mean}$ N/mm²	$f_{1,corr,min}$ N/mm²	$f_{1,corr,max}$ N/mm²	Variations-koeffizient	$f_{1,k,DIN1052}$ N/mm²	$f_{1,k,EN14358}$ N/mm²
A	11	3,11	398	3,14	2,18	3,96	0,180	2,07	1,84
B.1	11	3,14	419	3,03	1,26	4,33	0,294	1,34	0,98
C	11	11,7	425	11,1	9,41	12,8	0,095	8,99	8,67

$f_{1,corr}$ Korrigierter Wert des Ausziehparameters nach Gl. (25)
$f_{1,k}$ Charakteristischer Wert des Ausziehparameters in Anlehnung an DIN 1052, Anhang C bzw. DIN EN 14358

Tabelle 10-62 Ausziehparameter für Nägel, d = 3,1 mm, in den Schmalflächen von BSPH 3.1

Nägel der Tragfähigkeitsklasse III: d = 3,1 mm, ℓ_{ef} = 50 mm, BSPH 3.1									
Anordnung	Anz. Vers.	$f_{1,mean}$ N/mm²	ρ_{mean} kg/m³	$f_{1,corr,mean}$ N/mm²	$f_{1,corr,min}$ N/mm²	$f_{1,corr,max}$ N/mm²	Variations-koeffizient	$f_{1,k,DIN1052}$ N/mm²	$f_{1,k,EN14358}$ N/mm²
A	19	3,67	481	3,18	1,82	4,01	0,166	2,24	2,08
B.1	18	4,09	484	3,50	2,38	5,18	0,246	1,96	1,68

$f_{1,corr}$ Korrigierter Wert des Ausziehparameters nach Gl. (25)
$f_{1,k}$ Charakteristischer Wert des Ausziehparameters in Anlehnung an DIN 1052, Anhang C bzw. DIN EN 14358

Tabelle 10-63 Ausziehparameter für Nägel, d = 4,0 mm, in den Schmalflächen von BSPH 1.2

Nägel der Tragfähigkeitsklasse III: d = 4,0 mm, ℓ_{ef} = 50 mm, BSPH 1.2									
Anordnung	Anz. Vers.	$f_{1,mean}$ N/mm²	ρ_{mean} kg/m³	$f_{1,corr,mean}$ N/mm²	$f_{1,corr,min}$ N/mm²	$f_{1,corr,max}$ N/mm²	Variations-koeffizient	$f_{1,k,DIN1052}$ N/mm²	$f_{1,k,EN14358}$ N/mm²
A	18	3,72	446	3,38	2,18	4,74	0,257	1,83	1,55
B.1	19	3,41	463	3,04	2,01	4,41	0,228	1,81	1,59
C	21	13,6	464	12,0	8,43	15,0	0,144	8,96	8,44

$f_{1,corr}$ Korrigierter Wert des Ausziehparameters nach Gl. (25)
$f_{1,k}$ Charakteristischer Wert des Ausziehparameters in Anlehnung an DIN 1052, Anhang C bzw. DIN EN 14358

Tabelle 10-64 Ausziehparameter für Nägel, d = 4,0 mm, in den Schmalflächen von BSPH 2.1

Nägel der Tragfähigkeitsklasse III: d = 4,0 mm, ℓ_{ef} = 50 mm, BSPH 2.1									
Anordnung	Anz. Vers.	$f_{1,mean}$ N/mm²	ρ_{mean} kg/m³	$f_{1,corr,mean}$ N/mm²	$f_{1,corr,min}$ N/mm²	$f_{1,corr,max}$ N/mm²	Variations-koeffizient	$f_{1,k,DIN1052}$ N/mm²	$f_{1,k,EN14358}$ N/mm²
A	19	3,27	421	3,16	2,24	5,05	0,260	1,70	1,44
B.1	12	3,08	409	3,07	2,16	4,49	0,248	1,63	1,34
C	20	13,1	473	11,5	9,65	13,6	0,107	9,33	8,95

$f_{1,corr}$ Korrigierter Wert des Ausziehparameters nach Gl. (25)
$f_{1,k}$ Charakteristischer Wert des Ausziehparameters in Anlehnung an DIN 1052, Anhang C bzw. DIN EN 14358

Tabelle 10-65 Ausziehparameter für Nägel, d = 4,0 mm, in den Schmalflächen von BSPH 3.1

Nägel der Tragfähigkeitsklasse III: d = 4,0 mm, ℓ_{ef} = 50 mm, BSPH 3.1									
Anordnung	Anz. Vers.	$f_{1,mean}$ N/mm²	ρ_{mean} kg/m³	$f_{1,corr,mean}$ N/mm²	$f_{1,corr,min}$ N/mm²	$f_{1,corr,max}$ N/mm²	Variations-koeffizient	$f_{1,k,DIN1052}$ N/mm²	$f_{1,k,EN14358}$ N/mm²
B.1	11	3,26	464	2,89	2,11	3,86	0,195	1,82	1,59

$f_{1,corr}$ Korrigierter Wert des Ausziehparameters nach Gl. (25)

$f_{1,k}$ Charakteristischer Wert des Ausziehparameters in Anlehnung an DIN 1052, Anhang C bzw. DIN EN 14358

Tabelle 10-66 Ausziehparameter für Nägel, d = 6,0 mm, in den Schmalflächen von BSPH 2.1

Nägel der Tragfähigkeitsklasse III: d = 6,0 mm, ℓ_{ef} = 48 mm, BSPH 2.1									
Anordnung	Anz. Vers.	$f_{1,mean}$ N/mm²	ρ_{mean} kg/m³	$f_{1,corr,mean}$ N/mm²	$f_{1,corr,min}$ N/mm²	$f_{1,corr,max}$ N/mm²	Variations-koeffizient	$f_{1,k,DIN1052}$ N/mm²	$f_{1,k,EN14358}$ N/mm²
A	21	3,70	447	3,37	2,12	4,96	0,218	2,08	1,86
B.1	11	3,38	440	3,11	2,36	3,91	0,170	2,11	1,89
B.2	12	4,20	446	3,85	2,09	6,49	0,361	1,22	0,70
C*	20	8,47	406	8,41	6,12	10,2	0,112	6,75	6,46

$f_{1,corr}$ Korrigierter Wert des Ausziehparameters nach Gl. (25)

$f_{1,k}$ Charakteristischer Wert des Ausziehparameters in Anlehnung an DIN 1052, Anhang C bzw. DIN EN 14358

* ℓ_{ef} =60 mm

Tabelle 10-67 Ausziehparameter für Nägel, d = 6,0 mm, in den Schmalflächen von BSPH 4.4

Nägel der Tragfähigkeitsklasse III: d = 6,0 mm, ℓ_{ef} = 48 mm, BSPH 4.4									
Anordnung	Anz. Vers.	$f_{1,mean}$ N/mm²	ρ_{mean} kg/m³	$f_{1,corr,mean}$ N/mm²	$f_{1,corr,min}$ N/mm²	$f_{1,corr,max}$ N/mm²	Variations-koeffizient	$f_{1,k,DIN1052}$ N/mm²	$f_{1,k,EN14358}$ N/mm²
A	19	3,21	392	3,29	2,26	4,91	0,229	1,95	1,72
B.2	12	4,29	433	4,02	3,21	4,91	0,143	2,93	2,72

$f_{1,corr}$ Korrigierter Wert des Ausziehparameters nach Gl. (25)

$f_{1,k}$ Charakteristischer Wert des Ausziehparameters in Anlehnung an DIN 1052, Anhang C bzw. DIN EN 14358

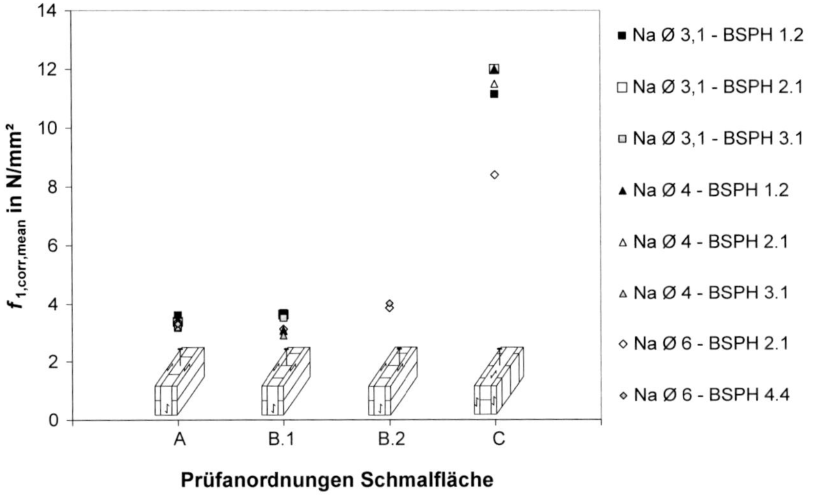

Bild 10-12 Mittelwerte der korrigierten Ausziehparameter für Nägel in den Schmalflächen, Bezugsrohdichte 400 kg/m³

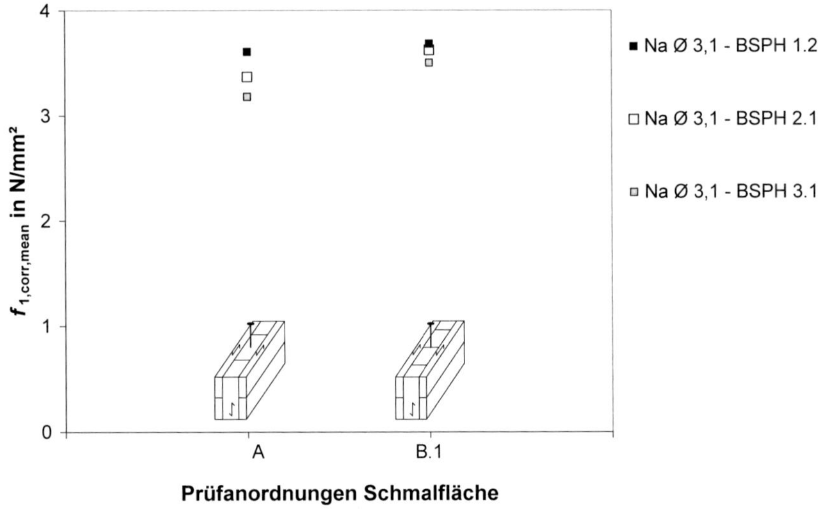

Bild 10-13 Mittelwerte der korrigierten Ausziehparameter für Nägel (d = 3,1 mm) in den Schmalflächen, Bezugsrohdichte 400 kg/m³

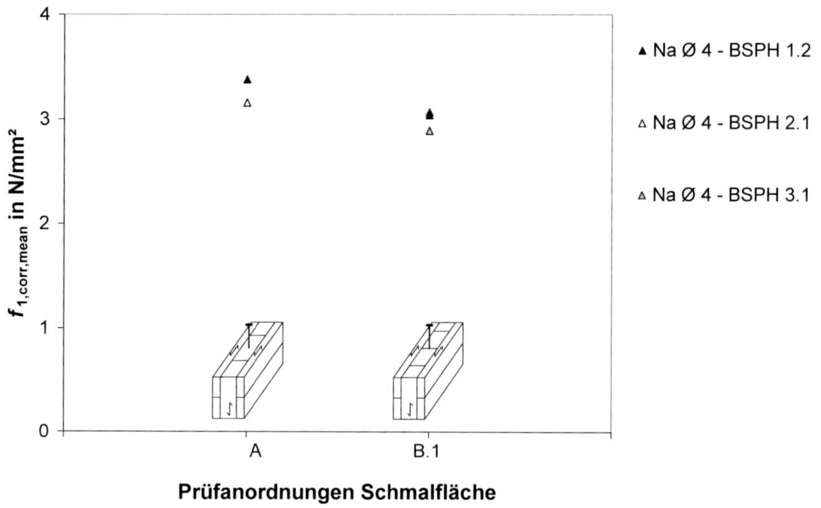

Bild 10-14 Mittelwerte der korrigierten Ausziehparameter für Nägel (d = 4,0 mm) in den Schmalflächen, Bezugsrohdichte 400 kg/m³

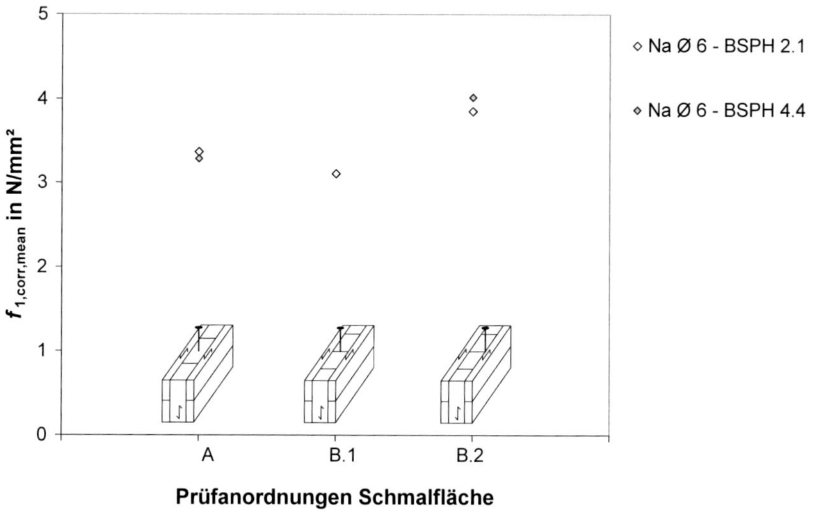

Bild 10-15 Mittelwerte der korrigierten Ausziehparameter für Nägel (d = 6,0 mm) in den Schmalflächen, Bezugsrohdichte 400 kg/m³

10.6 Anhang zum Abschnitt 4.4

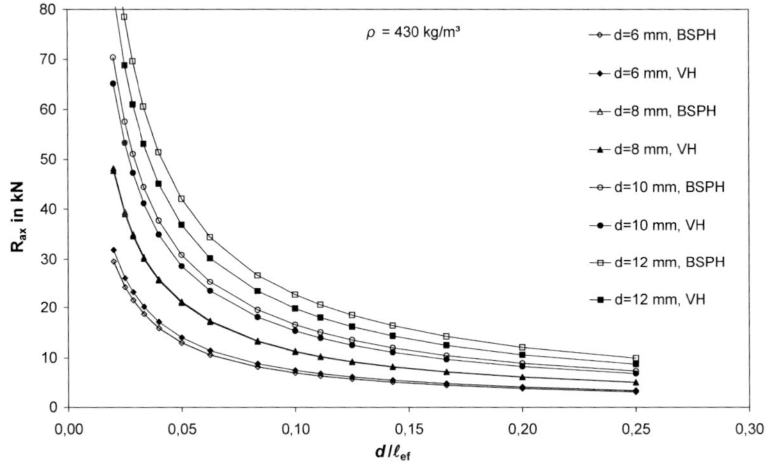

Bild 10-16 Vergleiche zwischen der Ausziehtragfähigkeit von selbstbohrenden Holzschrauben in Vollholz nach Gl. (32) und in BSPH nach Gl. (27), Stiftachse rechtwinklig zur Faserrichtung $\varepsilon = 90°$, $\rho = 430$ kg/m³

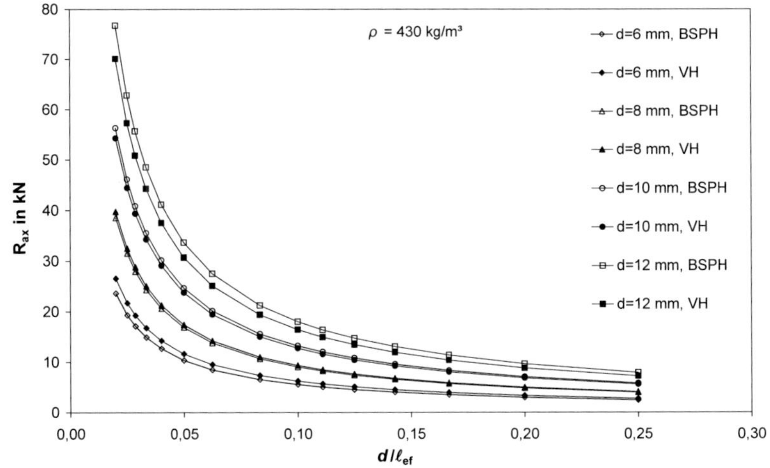

Bild 10-17 Vergleiche zwischen der Ausziehtragfähigkeit von selbstbohrenden Holzschrauben in Vollholz nach Gl. (32) und in BSPH nach Gl. (27), Stiftachse parallel zur Faserrichtung $\varepsilon = 0°$, $\rho = 430$ kg/m³

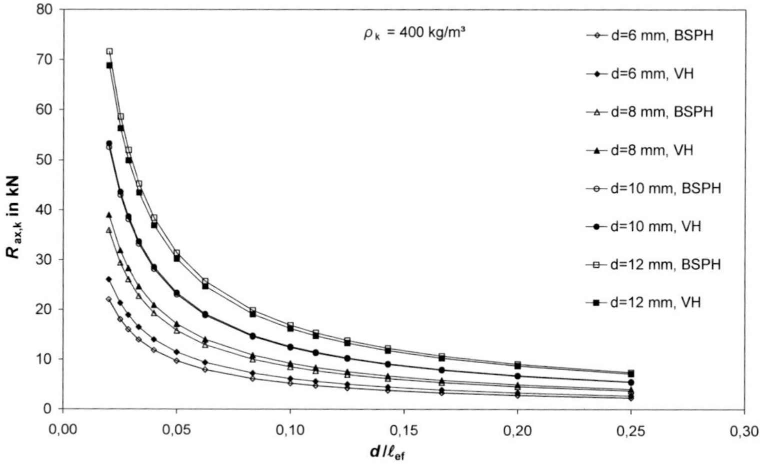

Bild 10-18 Vergleiche zwischen der charakteristischen Ausziehtragfähigkeit von selbstbohrenden Holzschrauben in Vollholz nach Gl. (33) und in BSPH nach Gl.(29), $\varepsilon = 90°$, $\rho_k = 400$ kg/m³

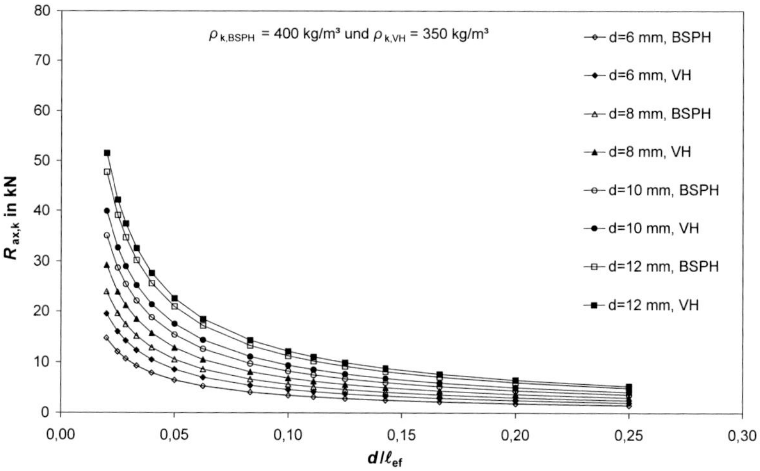

Bild 10-19 Vergleiche zwischen der charakteristischen Ausziehtragfähigkeit von selbstbohrenden Holzschrauben in Vollholz nach Gl. (33) und in BSPH nach Gl. (29), $\varepsilon = 0°$, $\rho_{k,BSPH} = 400$ kg/m³, $\rho_{k,VH} = 350$ kg/m³

10.7 Anhang zum Abschnitt 6.2.1

Tabelle 10-68 Einschraubversuche in den Seitenflächen

Versuchsbez.		d in mm	BSPH	Verbindungsmittel-abstände in mm				Rohdichte in kg/m³	Ausmaß der Risserscheinungen
Reihe	Nr.			$a_{1,c}$	a_1	$a_{2,c}$	a_2		
E-12-5-85-2	1	12	1.2	72	48	30	30	454	0
	2							454	1
	3							471	1
E-12-3-60-2	1	12	2.1	72	48	30	30	407	0/1
	2							394	0
	3							460	0/1
E-12-5-42-2	1	12	4.4	72	48	30	30	458	0
	2							458	0
	3							462	0/1
E-8-5-42-2	1	8	4.4	48	32	20	20	423	0
	2							423	0
	3							430	0
E-8-3-12-2	1	8	4.1	48	32	20	20	532	0
	2							532	0
E-6-3-12-2*	1	6	4.1	48	32	20	20	475	0
	2							475	0
	3							457	0

Ausmaß der Risserscheinungen:

0 keine Risse
1 oberflächliche Risse geringen Ausmaßes
2 oberflächliche Risse größeren Ausmaßes
3 Aufspalten
* in dieser Versuchsreihe wurden größere Abstände als in den übrigen Reihen verwendet

Bild 10-20 Einschraubversuch der Reihe E-12-5-85-2

Bild 10-21 Einschraubversuch der Reihe E-12-3-60-2

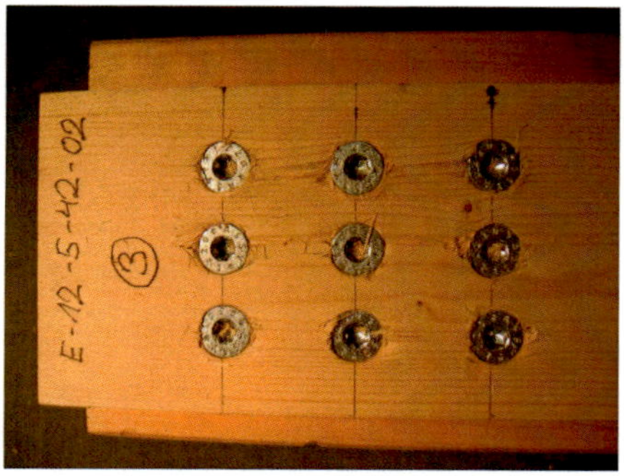

Bild 10-22 Einschraubversuch der Reihe E-12-5-42-2

Bild 10-23 Einschraubversuch der Reihe E-8-3-12-2

Bild 10-24 Einschraubversuch der Reihe E-6-3-12-2

Tabelle 10-69 Einschraubversuche in den Schmalflächen für $\varepsilon = 90°$

Versuchsbez. Reihe	Nr.	d in mm	m	n	BSPH	Holzdicke t in mm	Verbindungsmittelabstände in mm $a_{1,c(t)}$	a_1	$a_{2,c}$	a_2	Rohdichte in kg/m³	Ausmaß der Risserscheinungen
12-5-85-C	1	12	1	2	1.2	200	84	60	42,5	-	481	0
	2										514	3
	3										514	0
	4										466	3
12-3-60-C	1	12	1	3	2.1	200	96	60	30	-	439	3
	2										452	2
12-5-128-C	1	12	1	2	2.3	200	84	60	42,5	-	457	0
	2										457	0
	3										438	0
8-5-85-C	1	8	1	2	1.2	200	56	40	42,5	-	481	0
	2										514	1
	3										466	0
	4										466	0
8-3-60-C	1	8	1	3	2.1	200	56	40	30	-	446	3
8-3-60-C1*	1	8	1	3	2.1	200	56	40	30	-	446	0

m Anzahl der Verbindungsmittelreihen
n Anzahl der Verbindungsmittel in einer Reihe
Ausmaß der Risserscheinungen:
0 keine Risse
1 oberflächliche Risse geringen Ausmaßes
2 oberflächliche Risse größeren Ausmaßes
3 Aufspalten
* Schraube mit Bohrspitze und Zylinderkopf

Bild 10-25 Einschraubversuch 12-5-85-C-2

Bild 10-26 Einschraubversuch 12-5-128-C-2

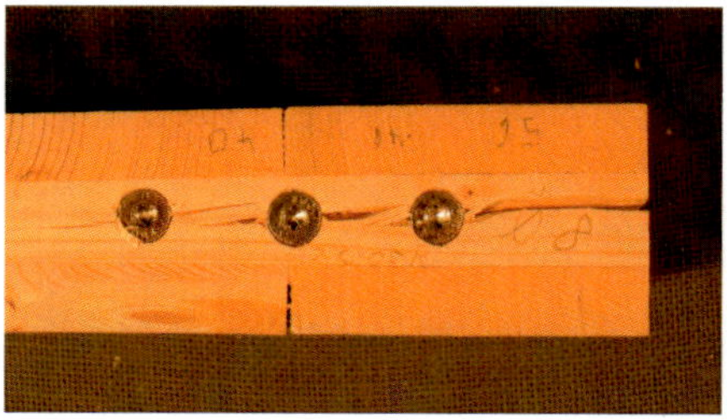

Bild 10-27 Einschraubversuche 8-3-60-C-1 (links) und 8-3-60-C1-1 (rechts)

Tabelle 10-70 Einschraubversuche in den Schmalflächen für $\varepsilon = 0°$

Versuchsbez. Reihe	Nr.	d in mm	m	n	BSPH	Holzdicke t in mm	Verbindungsmittelabstände in mm $a_{1,c(t)}$	a_1	$a_{2,c}$	a_2	Rohdichte in kg/m³	Ausmaß der Risserscheinungen
12-3-60-A1	1	12	1	2	2.1	200	60	48	30	-	426	0
12-3-60-A2	1	12	1	3	2.1	200	84	60	30	-	467	0
8-3-60-A1	1	8	1	3	2.1	200	40	32	30	-	426	0
8-3-60-A2	1	8	1	3	2.1	200	56	40	30	-	460	0

m Anzahl der Verbindungsmittelreihen
n Anzahl der Verbindungsmittel in einer Reihe
Ausmaß der Risserscheinungen:
0 keine Risse
1 oberflächliche Risse geringen Ausmaßes
2 oberflächliche Risse größeren Ausmaßes
3 Aufspalten

Bild 10-28 Einschraubversuche 12-3-60-A1.1, 12-3-60-A2.1, 8-3-60-A1.1 und 8-3-60-A2.1

10.8 Anhang zu den Abschnitten 6.2.2 und 6.2.3

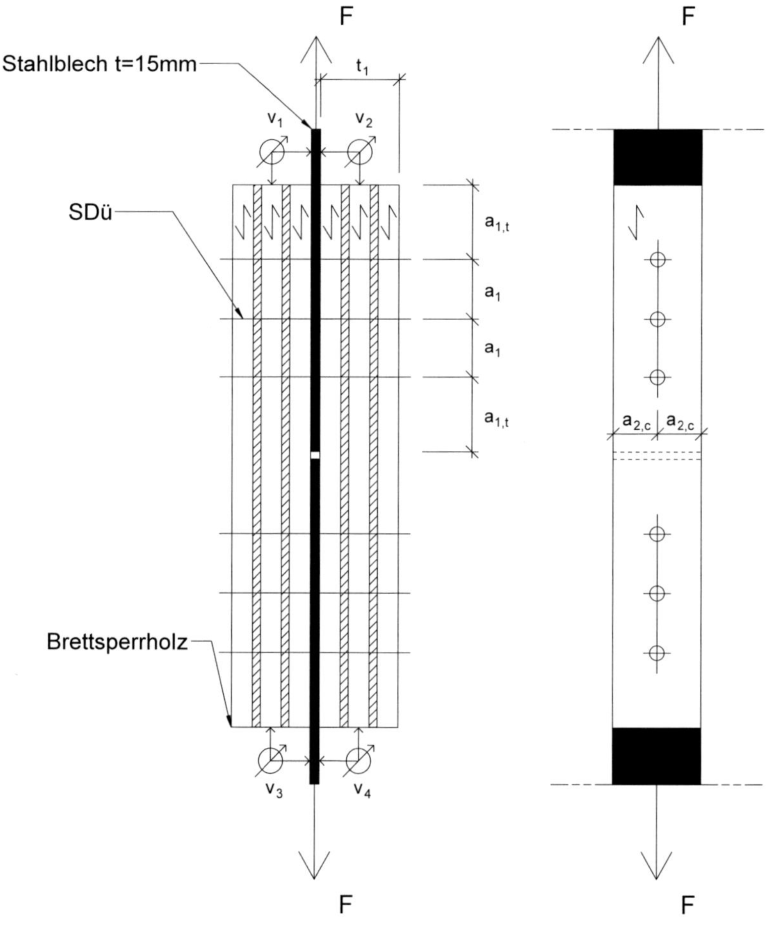

Bild 10-29 Versuchsaufbau der Zug-Scherversuche, Stahlblech-BSPH-Verbindung mit Stabdübeln in den Seitenflächen, Belastung parallel zur Faserrichtung der Decklage, hier: Reihe 1-24-2S_3.1

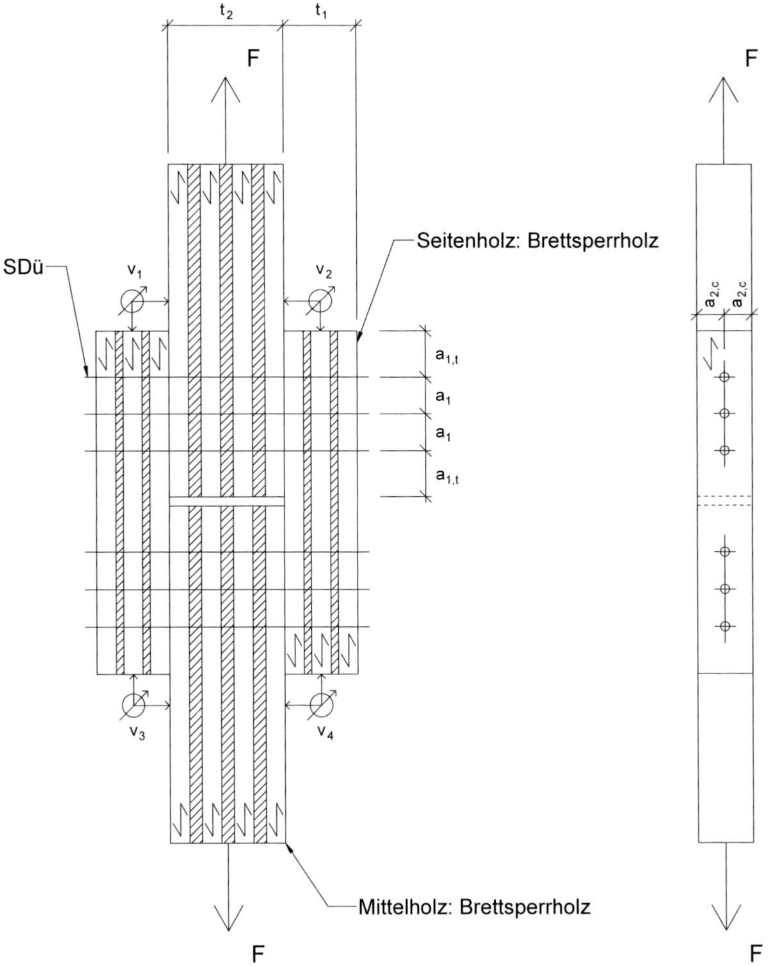

Bild 10-30 Versuchsaufbau der Zug-Scherversuche, BSPH-BSPH-Verbindung mit Stabdübeln in den Seitenflächen, Belastung parallel zur Faserrichtung der Decklage, hier: Reihe 1-16-22_1.1

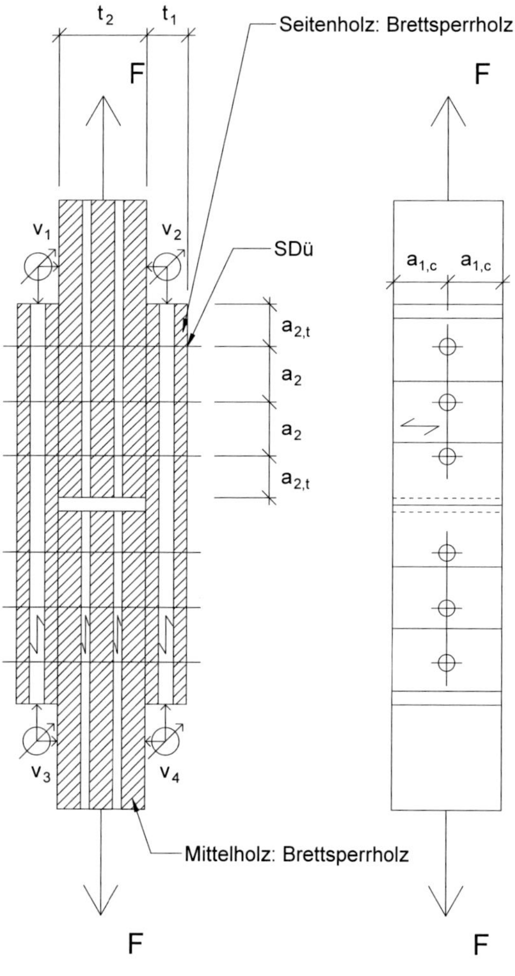

Bild 10-31 Versuchsaufbau der Zug-Scherversuche, BSPH-BSPH-Verbindung mit Stabdübeln in den Seitenflächen, Belastung rechtwinklig zur Faserrichtung der Decklage, hier: Reihe 1Q-20-22_1.1

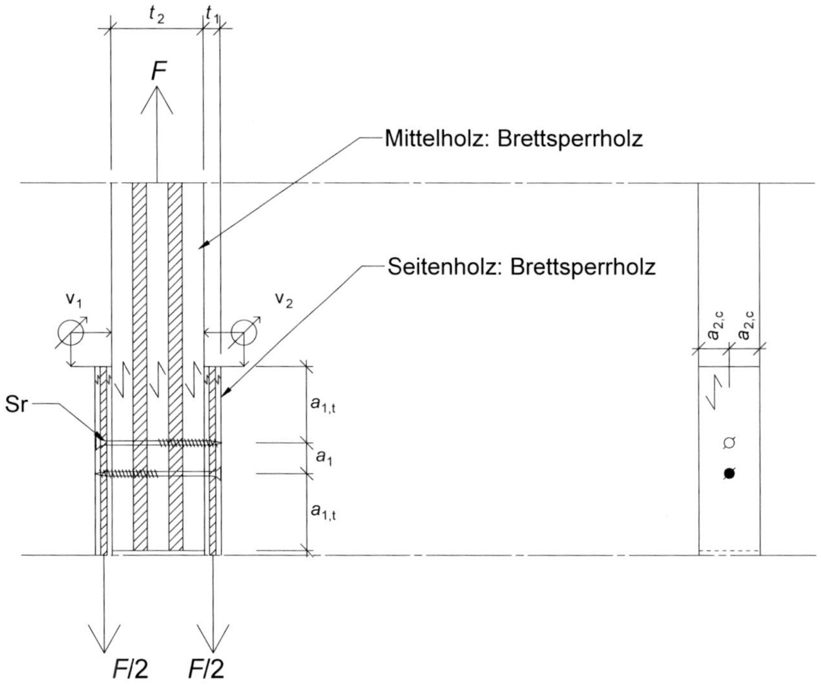

Bild 10-32 Versuchsaufbau der Zug-Scherversuche, BSPH-BSPH-Verbindung mit Schrauben in den Seitenflächen, Schraubenbild mit s = 2, m = 1, n = 2, hier: Reihe 1-12-42_1

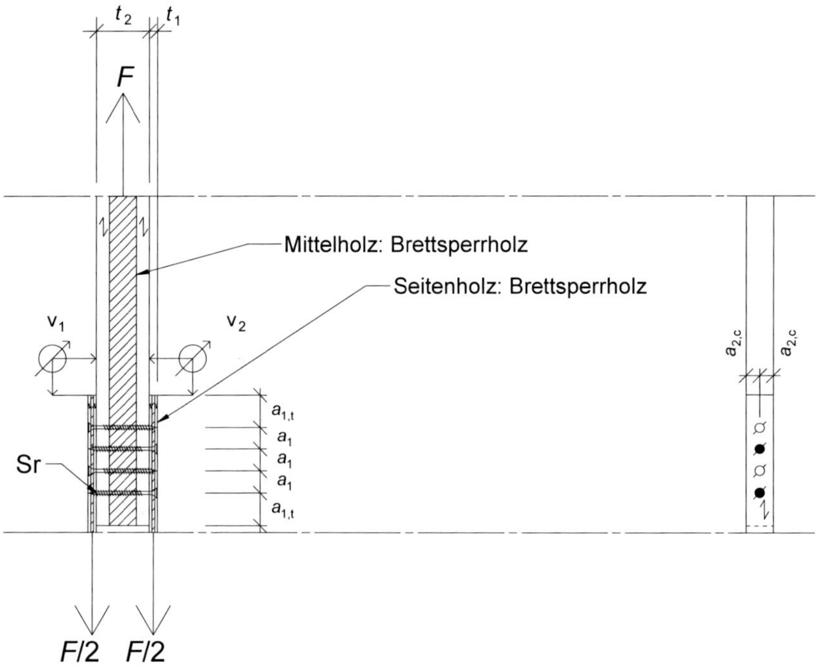

Bild 10-33 Versuchsaufbau der Zug-Scherversuche, BSPH-BSPH-Verbindung mit Schrauben in den Seitenflächen, Schraubenbild mit s = 2, m = 1, n = 4, hier: Reihe 1-8-42_2.1

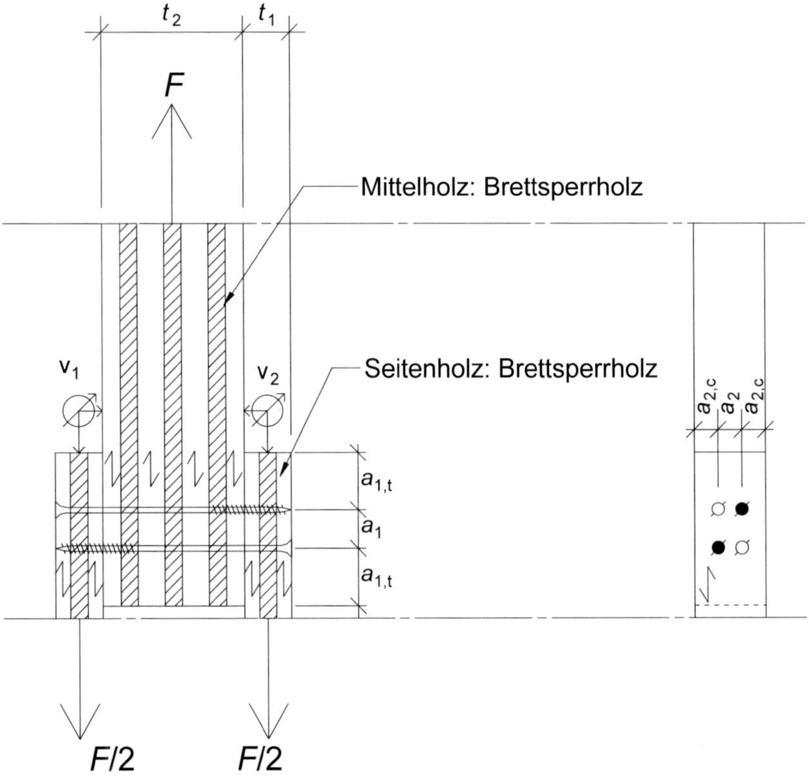

Bild 10-34 Versuchsaufbau der Zug-Scherversuche, BSPH-BSPH-Verbindung mit Schrauben in den Seitenflächen, Schraubenbild mit s = 2, m = 2, n = 2, hier: Reihe 1-12-22_2.1

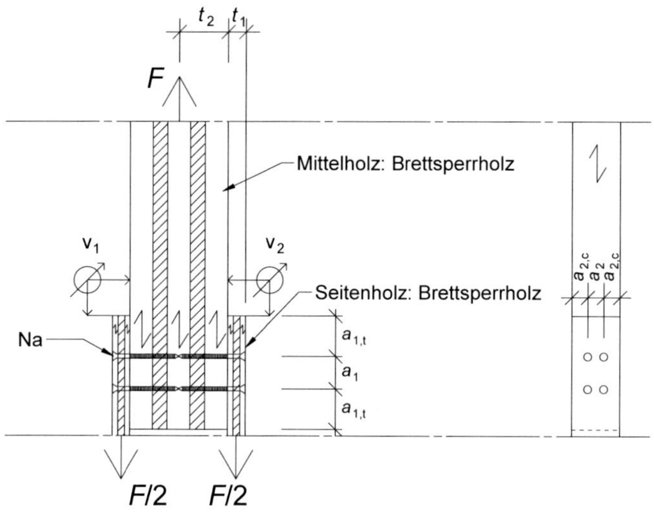

Bild 10-35 Versuchsaufbau der Zug-Scherversuche, BSPH-BSPH-Verbindung mit Nägeln in den Seitenflächen, Nagelbild Reihe 1-6-42_1.1

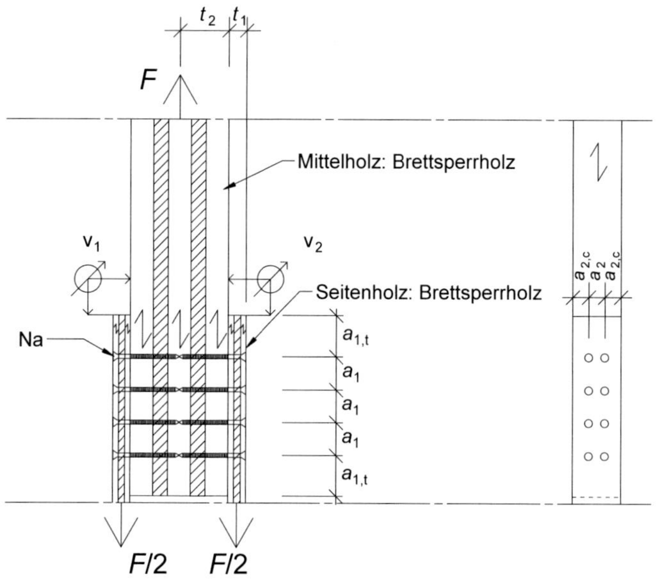

Bild 10-36 Versuchsaufbau der Zug-Scherversuche, BSPH-BSPH-Verbindung mit Nägeln in den Seitenflächen, Nagelbild Reihe 1-6-42_2.1

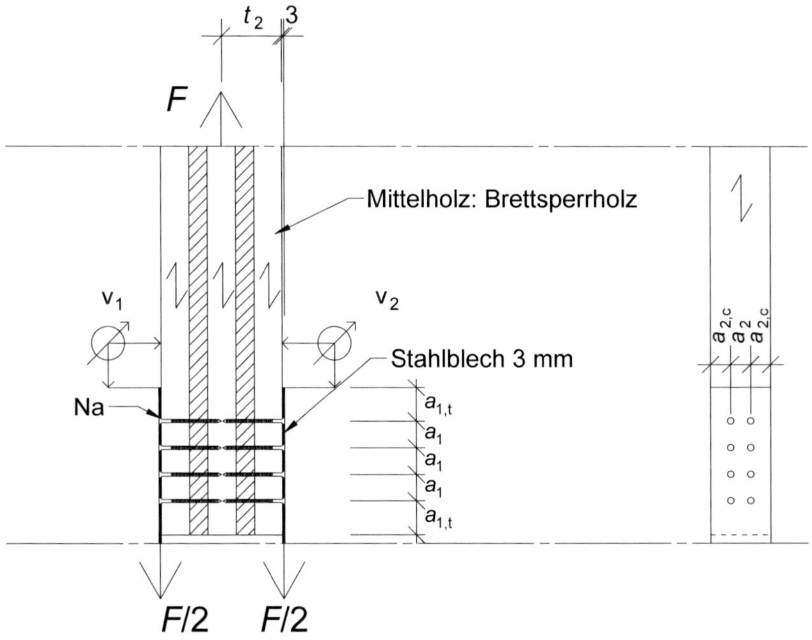

Bild 10-37 Versuchsaufbau der Zug-Scherversuche, Stahlblech-BSPH-Verbindung mit Nägeln in den Seitenflächen, hier: Nagelbild der Reihe 1-4-S2_1.1

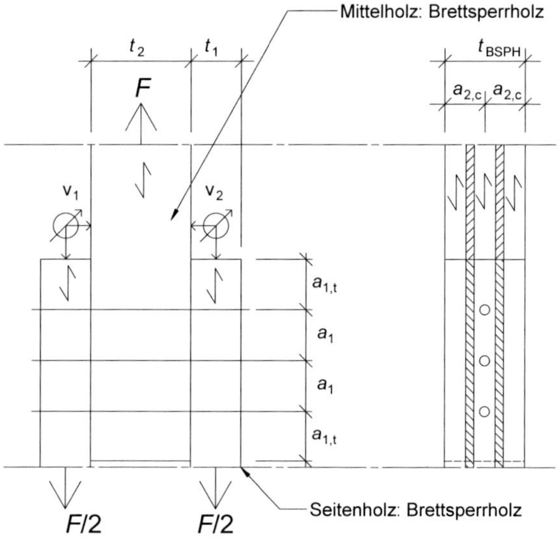

Bild 10-38 Versuchsaufbau der Zug-Scherversuche, BSPH-BSPH-Verbindung mit Verbindungsmitteln in den Schmalflächen, Anordnung A

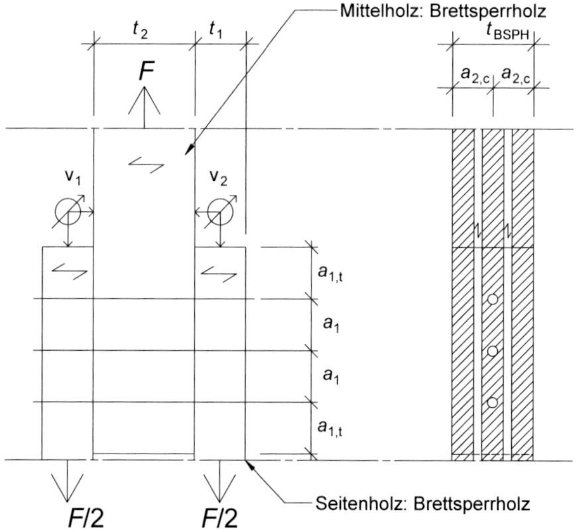

Bild 10-39 Versuchsaufbau der Zug-Scherversuche, BSPH-BSPH-Verbindung mit Verbindungsmitteln in den Schmalflächen, Anordnung B

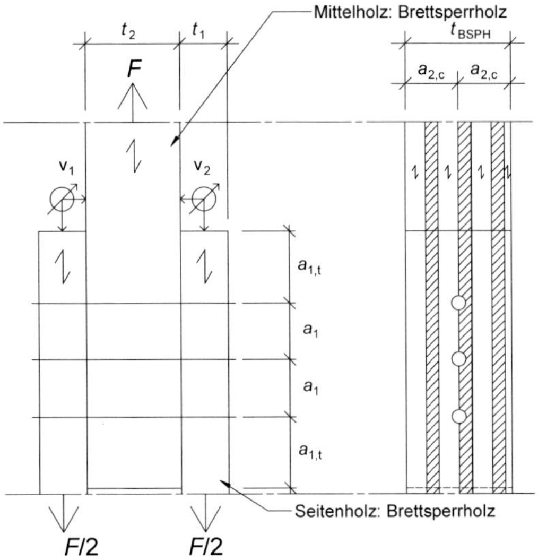

Bild 10-40 Versuchsaufbau der Zug-Scherversuche, BSPH-BSPH-Verbindung mit Verbindungsmitteln in den Schmalflächen, Anordnung C

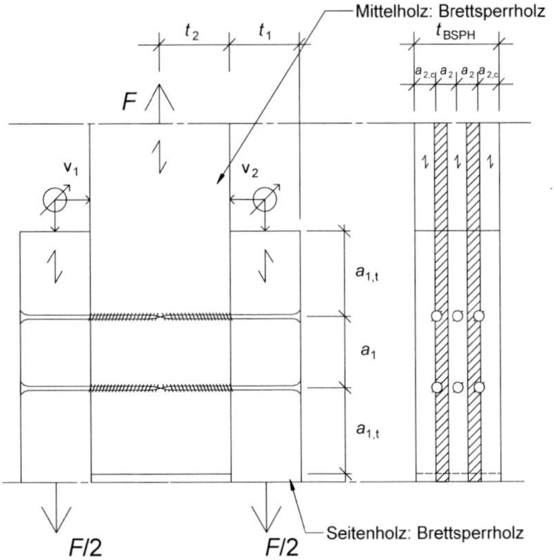

Bild 10-41 Versuchsaufbau der Zug-Scherversuche, BSPH-BSPH-Verbindung mit Schrauben in den Schmalflächen, $s = 1$, $m = 3$, $n = 2$, hier: Reihe 2-12-22_A.1.2

Tabelle 10-71 Abkürzungen zur Beschreibung von Versagensformen und Versagensorten

Abkürzung		Bedeutung
Versagens-formen	ZV	Zugversagen
	BS	Blockscheren
	SP	Aufspalten
	SPR	Spaltrisse geringen Umfangs
Versagensort	DL	Decklage
	ML	Mittellage
	ZwL	Zwischenlage
	MH	Mittelholz
	SH	Seitenholz

Tabelle 10-72 Ergebnisse der Zug-Scherversuche mit Stabdübeln der Reihe 1-24-2S_1.1

Versuch		F_{max} in kN	v_{Fmax} in mm	F_{v15} in kN	$F_{maßg}$ in kN	k_i in kN/mm	k_s in kN/mm	ρ_{SH} in kg/m³	ρ_{MH} in kg/m³	Ort u. Ursache des Versagens		v >15mm
1-24-2S_1.1.1	v1	191,3	21,37	190,0	191,3	239,7	322,7	423	-	X	BS-DL-SH SPR-DL-SH	X
	v2		1,82	-				445	-			-
	v3		0,72	-	191,3	247,9	331,6	441	-			-
	v4		21,19	190,0				442	-	X		X
1-24-2S_1.1.2	v1	189,6	1,41	-	189,6	191,4	328,2	410	-		BS-DL-SH SPR-DL-SH ZV-DL-SH	-
	v2		1,61	-				435	-			
	v3		1,44	184,9	189,6	202,5	340,7	461	-	X		X
	v4		1,41	-				408	-			-
1-24-2S_1.1.3	v1	167,2	0,54	-	167,2	229,6	384,1	442	-		ZV-DL-SH	-
	v2		0,94	-				432	-			
	v3		0,81	-	167,2	241,5	388,6	472	-	X		-
	v4		0,50	-				424	-			
1-24-2S_1.1.F1	v1	189,3	1,26	-	189,3	174,1	284,4	450	-		SPR-DL-SH ZV-DL-SH BS-DL-SH	-
	v2		3,67	-				427	-			
	v3		1,13	-	189,3	198,5	328,5	446	-	X		-
	v4		3,01	-				428	-			
Mittelwerte		184,4			184,4	215,7	338,6	437				

Tabelle 10-73 Ergebnisse der Zug-Scherversuche mit Stabdübeln der Reihe 1-24-2S_2.1

Versuch		F_{max} in kN	v_{Fmax} in mm	F_{v15} in kN	$F_{maßg}$ in kN	k_i in kN/mm	k_s in kN/mm	ρ_{SH} in kg/m³	ρ_{MH} in kg/m³	Ort u. Ursache des Versagens		v >15mm
1-24-2S_2.1.1	v1	339,4	2,76	272,3	339,4	275,3	333,8	458	-	X	BS-DL-SH	X
	v2		2,34	271,5				410	-	X		
	v3		1,68	-	339,4	301,1	337,4	462	-			-
	v4		2,19	-				421	-			
1-24-2S_2.1.F1	v1	328,0	6,04	296,5	328,0	236,9	257,5	441	-	X	BS-DL-SH (innen + außen)	X
	v2		4,65	281,7				424	-	X		
	v3		2,22	-	328,0	259,4	291,4	435	-			-
	v4		3,24	-				441	-			
1-24-2S_2.1.F2	v1	319,8	3,48	-	319,8	242,2	262,0	409	-		BS-DL-SH (innen + außen)	-
	v2		2,11	-				448	-			
	v3		4,91	281,6	319,8	278,5	290,0	409	-	X		X
	v4		6,49	282,5				416	-	X		
Mittelwerte		329,1			329,1	265,6	295,4	431	-			

Tabelle 10-74 Ergebnisse der Zug-Scherversuche mit Stabdübeln der Reihe 1-24-2S_3.1

Versuch		F_{max} in kN	v_{Fmax} in mm	F_{v15} in kN	$F_{maßg}$ in kN	k_i in kN/mm	k_s in kN/mm	ρ_{SH} in kg/m³	ρ_{MH} in kg/m³	Ort u. Ursache des Versagens		v >15mm
1-24-2S_3.1.1	v1	305,3	17,00	303,3	304,0	173,0	207,0	459	-	X	BS-DL-SH	X
	v2		16,29	304,5				423	-	X		
	v3		6,67	-	305,3	171,6	206,5	446	-			-
	v4		7,83	-				421	-			
1-24-2S_3.1.F1	v1	305,2	6,20	-	305,2	195,9	202,7	457	-	X	BS-DL-SH SP-DL-SH, Fugenbereich	X
	v2		7,97	295,9				415	-	X		
	v3		5,18	284,3	305,2	134,3	160,8	457	-			X
	v4		3,37	-				415	-			
1-24-2S_3.1.F2	v1	283,9	3,53	-	283,9	185,2	199,7	442	-		ZV-DL-SH	-
	v2		3,33	-				421	-	X		
	v3		2,51	-	283,9	175,6	203,7	445	-			-
	v4		2,75	-				425	-			
Mittelwerte		298,1			297,9	172,6	196,7	436				

Tabelle 10-75 Ergebnisse der Zug-Scherversuche mit Stabdübeln der Reihe 1-20-22_1.1

Versuch		F_{max} in kN	v_{Fmax} in mm	F_{v15} in kN	$F_{maßg}$ in kN	k_i in kN/mm	k_s in kN/mm	ρ_{SH} in kg/m³	ρ_{MH} in kg/m³	Ort u. Ursache des Versagens		v >15mm
1-20-22_1.1.1	v1	148,5	16,10	148,1	148,5	40,71	43,17	411	406		v > 15 mm	X
	v2		8,87	-				441	406			-
	v3		11,29	-	148,5	39,93	42,77	405	411			-
	v4		18,40	147,6				418	411			X
1-20-22_1.1.2	v1	149,5	8,74	-	149,5	83,36	82,31	412	415		v > 15 mm	-
	v2		11,83	-				434	415			
	v3		19,95	147,2	147,9	71,95	69,98	426	406			X
	v4		17,73	148,5				438	406			
1-20-22_1.1.3	v1	148,2	4,34	-	148,2	94,67	94,02	439	420		v > 15 mm	-
	v2		16,85	148,0				430	420			X
	v3		19,56	146,7	148,1	77,49	79,00	412	440			X
	v4		19,28	-				401	440			
1-20-22_1.1.F1	v1	153,9	17,10	152,3	153,9	93,42	88,56	481	420		BS-DL-MH	X
	v2		6,19	-				465	420	X		-
	v3		7,26	-	153,9	84,90	81,15	473	418		v > 15 mm	-
	v4		19,45	152,4				458	418			X
1-20-22_1.1.F2	v1	143,2	12,02	-	142,6	76,17	71,99	426	385		v > 15 mm	X
	v2		20,78	141,8				393	385			
	v3		17,33	142,7	143,2	63,26	59,52	450	403			X
	v4		7,97	-				418	403			-
1-20-22_1.1.F3	v1	146,4	7,00	-	146,4	89,44	84,42	420	449		v > 15 mm	-
	v2		8,31	-				456	449			
	v3		13,45	145,8	146,4	78,77	76,29	431	415			X
	v4		11,46	145,9				426	415			
Mittelwerte		148,3			148,1	74,51	72,77	432	416			

Tabelle 10-76 Ergebnisse der Zug-Scherversuche mit Stabdübeln der Reihe 1-20-22_1.2

Versuch		F_{max} in kN	v_{Fmax} in mm	F_{v15} in kN	$F_{maßg}$ in kN	k_i in kN/mm	k_s in kN/mm	ρ_{SH} in kg/m³	ρ_{MH} in kg/m³	Ort u. Ursache des Versagens		v >15mm
1-20-22_1.2.1	v1	134,0	8,14	-	134,0	94,45	95,12	414	447		BS-DL-SH	-
	v2		6,55	-				416	447	X		
	v3		17,62	131,7	133,7	81,77	76,85	413	461		v > 15 mm	X
	v4		19,29	130,9				417	461	X		
1-20-22_1.2.2	v1	128,2	13,16	127,0	128,2	79,54	76,19	404	434	X	BS-DL-MH	X
	v2		3,64	-				426	434			
	v3		10,89	-	128,1	77,77	74,17	414	404			X
	v4		19,38	127,3				409	404	X		
1-20-22_1.2.3	v1	113,5	4,99	-	113,5	81,38	80,21	406	410		ZV-SH	-
	v2		3,12	-				402	410			
	v3		2,99	-	113,5	81,06	77,43	402	412			-
	v4		3,46	-				398	412	X		
1-20-22_1.2.F1	v1	143,8	14,52	143,7	143,8	65,88	63,03	452	475		BS-DL-SH	X
	v2		8,52	-				468	475			-
	v3		5,09	-	143,8	99,33	90,48	459	493			-
	v4		12,27	140,5				484	493	X		X
1-20-22_1.2.F2	v1	126,7	4,10	-	126,7	78,76	76,66	414	412		BS-DL-MH ZV-SH (v1)	-
	v2		10,54	-				424	412	X		
	v3		9,16	-	126,7	58,61	56,93	416	415			-
	v4		4,09	-				426	415			
1-20-22_1.2.F3	v1	131,1	3,20	-	131,1	87,61	81,82	445	432		BS-DL-MH	-
	v2		20,39	127,8				427	432	X		X
	v3		19,39	128,5	131,1	80,02	75,81	442	406	X		X
	v4		2,67	-				432	406			-
Mittelwerte		129,6			129,5	80,52	77,06	425	433			

Tabelle 10-77 Ergebnisse der Zug-Scherversuche mit Stabdübeln der Reihe 1-20-22_1.3

Versuch		F_{max} in kN	v_{Fmax} in mm	F_{v15} in kN	$F_{maßg}$ in kN	k_i in kN/mm	k_s in kN/mm	ρ_{SH} in kg/m³	ρ_{MH} in kg/m³	Ort u. Ursache des Versagens		v >15mm
1-20-22_1.3.1	v1	146,9	13,72	146,0	146,9	86,76	81,97	438	423		v > 15 mm	X
	v2		5,28	-				487	423			-
	v3		5,68	-	146,9	100,07	98,03	471	428			-
	v4		14,99	146,9				482	428			X
1-20-22_1.3.F1	v1	135,1	2,21	-	135,1	77,37	71,36	482	438		BS-DL-MH	-
	v2		10,24	-				489	438			
	v3		11,63	-	135,1	79,50	75,12	407	412	X		-
	v4		4,51	-				462	412			
1-20-22_1.3.F2	v1	140,5	3,10	-	140,5	70,87	66,88	446	447		BS-DL-MH	-
	v2		14,09	139,8				453	447			X
	v3		15,48	140,2	140,5	76,24	72,68	470	451	X		X
	v4		3,25	-				470	451			-
Mittelwerte		140,8			140,8	81,80	77,67	463	433			

Tabelle 10-78 Ergebnisse der Zug-Scherversuche mit Stabdübeln der Reihe 1-16-22_1.1

Versuch		F_{max} in kN	v_{Fmax} in mm	F_{v15} in kN	$F_{maßg}$ in kN	k_i in kN/mm	k_s in kN/mm	ρ_{SH} in kg/m³	ρ_{MH} in kg/m³	Ort u. Ursache des Versagens		v >15mm
1-16-22_1.1.1	v1	109,4	> 15	100,8	109,4	57,54	53,71	453	413	X	BS-DL-SH (v1) BS-DL-MH (v1) BS-DL-MH (v4)	X
	v2		4,92	-				424	413			-
	v3		3,76	-	109,4	60,59	59,13	466	465			-
	v4		> 15	96,48				420	465	X		X
1-16-22_1.1.F1	v1	103,5	8,75	-	103,5	42,42	39,34	430	441	1.	BS-DL-SH (v1) BS-DL-SH (v3) BS-DL-MH (v2)	-
	v2		15,06	103,3				460	441	3.		X
	v3		19,37	97,24	103,5	46,44	43,88	428	452	2.		X
	v4		10,57	-				441	452			-
Mittelwerte		-			-	51,75	49,02	440	443			

Tabelle 10-79 Ergebnisse der Zug-Scherversuche mit Stabdübeln der Reihe 1-16-22_2.1

Versuch		F_{max} in kN	v_{Fmax} in mm	F_{v15} in kN	$F_{maßg}$ in kN	k_i in kN/mm	k_s in kN/mm	ρ_{SH} in kg/m³	ρ_{MH} in kg/m³	Ort u. Ursache des Versagens		v >15mm
1-16-22_2.1.1	v1	147,3	keine Messwerte für Verschiebung für $F > 0{,}4 \cdot F_{est}$		147,3	51,90	52,16	415	439	X	BS-DL-SH BS-DL-MH	-
	v2							453	439			
	v3				147,3	59,98	58,61	420	439			-
	v4							453	439			
1-16-22_2.1.2	v1	173,0	8,78	-	173,0	69,67	64,22	485	357	X	BS-DL-SH (v2) BS-DL-MH (v1) SP-DL-SH (v1)	-
	v2		7,44	165,9				467	357	X		X
	v3		8,16	-	173,0	76,19	68,15	498	436			-
	v4		5,44	-				471	436			
1-16-22_2.1.F1	v1	177,2	17,14	166,5	177,2	70,61	71,90	444	437	X	BS-DL-MH	X
	v2		8,95	-				461	437			-
	v3		10,21	-	177,2	61,43	61,12	450	430			-
	v4		19,46	160,7				460	430	X		X
Mittelwerte		165,8			165,8	64,96	62,69	456	423			

Tabelle 10-80 Ergebnisse der Zug-Scherversuche mit Stabdübeln der Reihe 1-12-42_1.1

Versuch		F_{max} in kN	v_{Fmax} in mm	F_{v15} in kN	$F_{maßg}$ in kN	k_i in kN/mm	k_s in kN/mm	ρ_{SH} in kg/m³	ρ_{MH} in kg/m³	Ort u. Ursache des Versagens		v >15mm
1-12-42_1.1.1	v1	46,69	2,54	-	46,69	26,39	25,87	431	425		ZV-DL-SH	-
	v2		3,78	-				463	425	X		
	v3		7,58	-	46,69	24,65	24,42	447	382			-
	v4		4,28	-				433	382			
1-12-42_1.1.F1	v1	51,39	17,40	50,20	50,69	26,77	26,13	466	419	X	BS-DL-MH BS-DL-SH	X
	v2		16,69	50,69				462	419			
	v3		3,09	-	51,39	33,63	33,22	471	457			-
	v4		3,53	-				480	457	X		
1-12-42_1.1.F2	v1	55,77	17,24	53,03	55,24	25,11	22,65	475	463	X	BS-DL-SH	X
	v2		13,51	54,54				471	463			
	v3		13,93	-	54,60	31,45	32,75	469	449			X
	v4		19,38	52,67				464	449			
Mittelwerte		51,28			50,88	28,00	27,51	461	433			

Tabelle 10-81 Ergebnisse der Zug-Scherversuche mit Stabdübeln der Reihe 1-8-42_1.1

Versuch		F_{max} in kN	v_{Fmax} in mm	F_{v15} in kN	$F_{maßg}$ in kN	k_i in kN/mm	k_s in kN/mm	ρ_{SH} in kg/m³	ρ_{MH} in kg/m³	Ort u. Ursache des Versagens		v >15mm
1-8-42_1.1.1	v1	22,29	1,48	-	22,29	20,18	20,50	431	424		ZV-DL-SH	-
	v2		2,47	-				475	424			
	v3		4,94	19,62	22,29	16,16	14,99	439	425	X		X
	v4		3,44	-				447	425	X		
1-8-42_1.1.F1	v1	26,02	12,51	25,51	25,70	14,42	14,32	454	407	X	BS-DL-SH SP-DL-SH SP-DL-MH	X
	v2		19,17	24,96				441	407	X		
	v3		15,47	25,93	26,02	16,64	15,90	462	477	X		X
	v4		7,11	-				457	477			-
Mittelwerte					24,08	16,85	16,43	451	433			

Tabelle 10-82 Ergebnisse der Zug-Scherversuche mit Stabdübeln der Reihe 1-8-42_2.1

Versuch		F_{max} in kN	v_{Fmax} in mm	F_{v15} in kN	$F_{maßg}$ in kN	k_i in kN/mm	k_s in kN/mm	ρ_{SH} in kg/m³	ρ_{MH} in kg/m³	Ort u. Ursache des Versagens		v >15mm
1-8-42_2.1.1	v1	41,22	2,71	-	41,22	37,79	34,59	488	404		ZV-SH	-
	v2		1,93	-				465	404			
	v3		1,92	-	41,22	32,34	32,65	465	430			-
	v4		3,70	-				445	430	X		
1-8-42_2.1.F1	v1	40,03	2,68	-	40,03	29,13	26,76	473	441		ZV-DL-SH BS-DL-SH	-
	v2		2,32	-				518	441	X		
	v3		2,97	-	40,03	30,16	28,60	456	459	X		-
	v4		2,76	-				490	459			
Mittelwerte					40,63	32,36	30,65	475	434			

Tabelle 10-83 Ergebnisse der Zug-Scherversuche mit Schrauben der Reihe 1-12-42_1.1

Versuch		F_{max} in kN	v_{Fmax} in mm	F_{v15} in kN	$F_{maßg}$ in kN	k_i in kN/mm	k_s in kN/mm	ρ_{SH} in kg/m³	ρ_{MH} in kg/m³	Ort u. Ursache des Versagens	v >15mm
1-12-42_1.1.1	v1	25,29	9,79	-	25,29	19,29	15,09	421	400	ZV-DL-SH	-
	v2		6,93	-				438	400		
	v3		5,20	-	25,29	25,22	19,65	446	396		-
	v4		9,15	-				456	396		
1-12-42_1.1.2	v1	28,71	15,52	28,41	28,62	16,40	12,83	478	443	v > 15 mm	X
	v2		15,08	28,65				398	443		
	v3		16,16	28,44	28,10	17,64	13,65	441	378		X
	v4		17,24	27,71				441	378		
1-12-42_1.1.F1	v1	31,15	16,94	29,65	29,21	16,72	12,99	427	412	v > 15 mm	X
	v2		20,53	28,64				419	412		
	v3		17,42	30,09	30,51	20,18	15,66	441	409		X
	v4		15,15	31,05				474	409		
Mittelwerte		28,38			27,84	19,24	14,98	440	406		

Tabelle 10-84 Ergebnisse der Zug-Scherversuche mit Schrauben der Reihe 1-12-42_1.2

Versuch		F_{max} in kN	v_{Fmax} in mm	F_{v15} in kN	$F_{maßg}$ in kN	k_i in kN/mm	k_s in kN/mm	ρ_{SH} in kg/m³	ρ_{MH} in kg/m³	Ort u. Ursache des Versagens	v >15mm
1-12-42_1.2.1	v1	29,95	13,73	-	29,77	19,02	14,84	426	430	v > 15 mm	X
	v2		18,05	29,57				432	430		
	v3		18,39	28,31	28,95	17,00	12,91	425	402		X
	v4		18,32	29,39				432	402		
1-12-42_1.2.2	v1	33,27	15,97	31,17	30,84	15,86	12,30	433	438	v > 15 mm	X
	v2		19,60	30,26				438	438		
	v3		16,08	32,66	32,88	23,05	17,94	455	412		X
	v4		15,62	33,01				432	412		
1-12-42_1.2.F1	v1	30,02	16,07	28,72	28,45	16,14	12,62	435	405	v > 15 mm	X
	v2		19,75	28,05				457	405		
	v3		17,09	28,85	29,24	14,33	11,11	447	468		X
	v4		16,76	29,45				434	468		
Mittelwerte		31,08			30,02	17,57	13,62	437	426		

Tabelle 10-85 Ergebnisse der Zug-Scherversuche mit Schrauben der Reihe 1-12-42_1.3

Versuch		F_{max} in kN	v_{Fmax} in mm	F_{v15} in kN	$F_{maßg}$ in kN	k_i in kN/mm	k_s in kN/mm	ρ_{SH} in kg/m³	ρ_{MH} in kg/m³	Ort u. Ursache des Versagens		v >15mm
1-12-42-1.3.1	v1	29,47	16,91	28,62	28,87	20,70	16,22	434	423		v > 15 mm	X
	v2		15,13	29,39				454	423			
	v3		15,32	29,19	29,00	16,90	13,14	463	429			X
	v4		16,13	28,85				435	429			
1-12-42-1.3.2	v1	29,36	16,95	27,87	28,61	17,11	13,22	416	422		v > 15 mm	X
	v2		15,07	29,27				421	422			
	v3		19,60	28,03	27,61	18,05	14,15	444	414			X
	v4		19,24	27,16				408	414			
1-12-42-1.3.F1	v1	26,60	16,93	25,91	26,51	15,69	12,16	441	426		BS-DL-MH	X
	v2		13,28	-				460	426			
	v3		19,30	24,99	24,61	11,78	9,03	449	424		v > 15 mm	X
	v4		19,20	24,24				445	424	X		
Mittelwerte		28,48			27,54	16,71	12,99	439	423			

Tabelle 10-86 Ergebnisse der Zug-Scherversuche mit Schrauben der Reihe 1-12-22_2.1

Versuch		F_{max} in kN	v_{Fmax} in mm	F_{v15} in kN	$F_{maßg}$ in kN	k_i in kN/mm	k_s in kN/mm	ρ_{SH} in kg/m³	ρ_{MH} in kg/m³	Ort u. Ursache des Versagens	v >15mm
1-12-22_2.1.1	v1	51,53	8,86	-	51,53	22,72	18,21	442	415	X	-
	v2		9,81	-				500	415	ZV-DL-SH	
	v3		6,15	-	51,53	21,02	17,01	458	422		-
	v4		9,46	-				433	422		
1-12-22_2.1.2	v1	61,10	15,27	60,81	58,81	20,15	16,13	422	446	v > 15 mm	X
	v2		19,61	56,89				390	446		
	v3		19,26	56,76	58,56	18,82	15,22	433	399		X
	v4		15,35	60,64				429	399		
1-12-22_2.1.F1	v1	59,44	16,89	55,93	54,21	17,68	13,86	467	440	v > 15 mm	X
	v2		19,48	53,12				407	440		
	v3		15,91	57,89	58,57	20,67	16,27	480	431		X
	v4		15,20	59,15				407	431		
Mittelwerte		57,36			55,54	20,18	16,12	439	426		

Tabelle 10-87 Ergebnisse der Zug-Scherversuche mit Schrauben der Reihe 1-12-22_2.2

Versuch		F_{max} in kN	v_{Fmax} in mm	F_{v15} in kN	$F_{maßg}$ in kN	k_i in kN/mm	k_s in kN/mm	ρ_{SH} in kg/m³	ρ_{MH} in kg/m³	Ort u. Ursache des Versagens	v >15mm
1-12-22_2.2.1	v1	63,63	16,61	55,02	58,23	21,37	16,56	372	445	v > 15 mm	X
	v2		19,71	57,86				436	445		
	v3		19,80	58,41	58,23	23,38	18,25	397	450		X
	v4		19,56	57,44				462	450		
1-12-22_2.2.2	v1	62,09	10,64	-	62,09	24,00	19,04	453	443	v > 15 mm	-
	v2		17,36	59,60				449	443		X
	v3		18,61	54,23	56,79	19,58	15,51	397	448		X
	v4		17,55	59,76				439	448		
1-12-22_2.2.3	v1	61,10	17,24	57,42	56,46	18,67	14,67	407	415	v > 15 mm	X
	v2		19,65	55,31				425	415		
	v3		15,32	60,57	60,14	20,83	17,04	414	436		X
	v4		16,03	59,49				424	436		
1-12-22_2.2.F1	v1	67,06	16,98	63,80	60,87	20,67	16,30	450	429	v > 15 mm	X
	v2		20,58	58,49				474	429		
	v3		19,17	62,05	64,37	22,90	17,97	442	447		X
	v4		15,05	66,97				445	447		
1-12-22_2.2.F2	v1	62,21	17,04	53,77	58,59	16,43	13,15	430	434	v > 15 mm	X
	v2		15,23	61,86				424	434		
	v3		18,49	57,27	54,68	15,35	12,24	436	431		X
	v4		19,35	52,58				404	431		
1-12-22_2.2.F3	v1	59,37	16,86	56,42	54,40	19,27	14,85	471	419	v > 15 mm	X
	v2		20,52	52,38				424	419		
	v3		19,35	52,31	54,46	19,09	14,79	471	421		X
	v4		17,07	56,58				433	421		
Mittelwerte		62,58			58,28	20,13	15,86	432	435		

Tabelle 10-88 Ergebnisse der Zug-Scherversuche mit Schrauben der Reihe 1-8-42_1.1

Versuch		F_{max} in kN	v_{Fmax} in mm	F_{v15} in kN	$F_{maßg}$ in kN	k_i in kN/mm	k_s in kN/mm	ρ_{SH} in kg/m³	ρ_{MH} in kg/m³	Ort u. Ursache des Versagens		v >15mm
1-8-42_1.1.1	v1	17,98	3,09	-	17,98	11,67	9,27	468	468	X	BS/ZV-SH	-
	v2		4,06	-				441	468			
	v3		2,88	-	17,98	12,56	9,83	490	485			-
	v4		3,54	-				440	485			
1-8-42_1.1.2	v1	21,57	9,84	-	21,57	13,53	10,62	476	457		v > 15 mm Kopfdurch-ziehen	-
	v2		13,66	21,34				500	457			X
	v3		12,12	-	21,57	12,93	10,16	468	445			-
	v4		6,45	-				461	445			
1-8-42_1.1.3	v1	21,75	5,57	-	21,75	12,09	9,43	510	459		BS/ZV-SH	-
	v2		10,63	-				465	459	X		
	v3		11,29	-	21,75	13,11	10,21	472	434			-
	v4		6,48	-				537	434			
Mittelwerte		20,43			20,43	12,65	9,92	477	458			

Tabelle 10-89 Ergebnisse der Zug-Scherversuche mit Schrauben der Reihe 1-8-42_2.1

Versuch		F_{max} in kN	v_{Fmax} in mm	F_{v15} in kN	$F_{maßg}$ in kN	k_i in kN/mm	k_s in kN/mm	ρ_{SH} in kg/m³	ρ_{MH} in kg/m³	Ort u. Ursache des Versagens		v >15mm
1-8-42_2.1.F1	v1	16,22	3,24	-	16,22	14,06	11,01	467	461		ZV-SH	-
	v2		2,93	-				483	461			
	v3		2,37	-	16,22	14,45	11,36	489	477			-
	v4		2,44	-				435	477	X		
1-8-42_2.1.F2	v1	20,91	10,11	-	20,91	10,90	8,59	460	474		BS/ZV-SH	-
	v2		9,49	-				487	474	X		
	v3		11,60	-	20,91	8,97	7,06	450	428			-
	v4		12,11	-				472	428			
1-8-42_2.1.F3	v1	20,74	5,80	-	20,74	11,95	9,43	489	454		ZV-SH	-
	v2		6,59	-				501	454			
	v3		7,09	-	20,74	14,03	11,04	489	453	X		-
	v4		5,89	-				504	453	X		
Mittelwerte		19,29			19,29	12,39	9,75	477	458			

Tabelle 10-90 Ergebnisse der Zug-Scherversuche mit Nägeln der Reihe 1-6-42_1.1

Versuch		F_{max} in kN	v_{Fmax} in mm	F_{v15} in kN	$F_{maßg}$ in kN	k_i in kN/mm	k_s in kN/mm	ρ_{SH} in kg/m³	ρ_{MH} in kg/m³		Ort u. Ursache des Versagens	v >15mm
1-6-42_1.1.1	v1	46,29	17,21	42,68	42,48	16,70	12,92	489	414		Kopfdurch-ziehen v > 15 mm	X
	v2		19,49	42,37				459	414			
	v3		15,03	46,27	44,93	17,59	13,57	434	441			X
	v4		17,20	43,43				454	441			
1-6-42_1.1.F1	v1	39,69	15,93	38,77	39,69	15,33	11,95	456	449		Kopfdurch-ziehen v > 15 mm	X
	v2		13,78	-				487	449			-
	v3		17,97	36,51	36,87	9,50	7,39	459	402			X
	v4		17,44	37,19				454	402			
1-6-42_1.1.F2	v1	33,24	11,01	-	33,24	12,60	9,69	473	440		ZV-DL-MH Versagen Keil-zinkenverb. der DL	-
	v2		9,28	-				462	440			
	v3		9,15	-	33,24	12,54	9,71	465	409			-
	v4		11,92	-				447	409	X		
Mittelwerte		39,74			38,41	14,04	10,87	462	426			

Tabelle 10-91 Ergebnisse der Zug-Scherversuche mit Nägeln der Reihe 1-6-42_2.1

Versuch		F_{max} in kN	v_{Fmax} in mm	F_{v15} in kN	$F_{maßg}$ in kN	k_i in kN/mm	k_s in kN/mm	ρ_{SH} in kg/m³	ρ_{MH} in kg/m³		Ort u. Ursache des Versagens	v >15mm
1-6-42_2.1.1	v1	65,65	10,14	-	65,65	28,02	21,80	449	427	X	ZV-SH	-
	v2		11,25	-				424	427			
	v3		11,74	-	65,65	29,20	22,94	435	445			-
	v4		11,35	-				465	445	X		
1-6-42_2.1.F1	v1	75,38	15,36	75,05	75,38	27,89	21,72	479	453		BS-SH	X
	v2		13,80	-				454	453			-
	v3		13,66	-	75,38	27,54	21,44	454	437		Kopfdurch-ziehen	-
	v4		16,23	73,63				454	437	X		X
1-6-42_2.1.F2	v1	61,86	11,37	-	61,86	28,31	21,99	435	430		ZV-SH	-
	v2		8,58	-				450	430			
	v3		8,74	-	61,86	24,97	19,37	474	454			-
	v4		12,04	-				446	454	X		
Mittelwerte		67,63			67,63	27,66	21,54	452	441			

Tabelle 10-92 Ergebnisse der Zug-Scherversuche mit Nägeln der Reihe 1-4-S2_1.1

Versuch		F_{max} in kN	v_{Fmax} in mm	F_{v15} in kN	$F_{maßg}$ in kN	k_i in kN/mm	k_s in kN/mm	ρ_{SH} in kg/m³	ρ_{MH} in kg/m³	Ort u. Ursache des Versagens		v >15mm
1-4-S2_1.1.1	v1	41,02	10,68	37,13	41,02	11,76	10,75	-	386	X	BS-DL-MH SP-DL-MH Abreißen der Nagelköpfe	X
	v2		13,06	40,53				-	386	X		
	v3		7,89	-	41,02	10,61	9,38	-	410			-
	v4		5,75	-				-	410			
1-4-S2_1.1.2	v1	43,38	11,62	-	43,38	10,78	10,45	-	422	X	SP-DL-MH	-
	v2		9,85	-				-	422	X		
	v3		5,64	-	43,38	11,46	9,92	-	411			-
	v4		8,92	-				-	411	X		
1-4-S2_1.1.F1	v1	46,92	9,04	30,13	46,92	12,54	10,45	-	431	X	SP-DL-MH Abreißen der Nagelköpfe	X
	v2		9,67	-				-	431	X		-
	v3		12,55	-	46,92	9,21	7,51	-	406	X		-
	v4		12,65	-				-	406	X		
1-4-S2_1.1.F2	v1	46,38	9,17	-	46,38	10,60	9,71	-	443		ZV-DL-MH Nagelheraus-ziehen	-
	v2		7,54	-				-	443			
	v3		9,42	33,84	46,38	9,57	8,34	-	417	X		X
	v4		12,13	-				-	417			-
Mittelwerte		44,43			44,43	10,82	9,56	-	416			

Tabelle 10-93 Ergebnisse der Zug-Scherversuche mit Stabdübeln unter Belastung rechtwinklig zur Faserrichtung der Decklagen, Reihe 1Q-24-S2_1.1

Versuch		F_{max} in kN	v_{Fmax} in mm	F_{v15} in kN	$F_{maßg}$ in kN	k_i in kN/mm	k_s in kN/mm	ρ_{SH} in kg/m³	ρ_{MH} in kg/m³		Ort u. Ursache des Versagens	v >15mm
1Q-24-2S_1.1.1	v1	134,9	4,02	-	134,9	133,0	152,3	416	-		BS-ML-SH	-
	v2		5,44	-				446	-			
	v3		10,85	124,4	134,9	107,1	143,8	426	-			X
	v4		8,69	-				437	-	X		-
1Q-24-2S_1.1.2	v1	110,3	9,39	-	110,3	74,8	97,8	428	-		BS-ML-SH Ablösen DL (Rollschub)	-
	v2		12,49	-				420	-	X		
	v3		4,79	-	110,3	111,6	106,4	493	-			-
	v4		1,47	-				414	-			
1Q-24-2S_1.1.F2	v1	140,7	7,36	-	140,7	125,1	153,1	432	-	X	BS-ML-SH	-
	v2		9,48	-				443	-			
	v3		7,20	-	140,7	138,6	171,8	412	-	X		-
	v4		9,42	-				427	-			
Mittelwerte		128,6			128,6	115,0	137,5	433	-			

Tabelle 10-94 Ergebnisse der Zug-Scherversuche mit Stabdübeln unter Belastung rechtw. zur Faserrichtung der Decklagen, Vers. 1Q-24-S2_1.1-F.1

Versuch		F_{max} in kN	v_{Fmax} in mm	F_{v15} in kN	$F_{maßg}$ in kN	k_i in kN/mm	k_s in kN/mm	ρ_{SH} in kg/m³	ρ_{MH} in kg/m³		Ort u. Ursache des Versagens	v >15mm
1Q-24-2S_1.1.F1	v1	138,0	0,95	-	138,0	154,5	163,4	398	-		ZV-SH	-
	v2		1,01	-				422	-			
	v3		0,97	-	138,0	167,6	195,0	409	-	X		-
	v4		0,83	-				409	-			

Tabelle 10-95 Ergebnisse der Zug-Scherversuche mit Stabdübeln unter Belastung rechtwinklig zur Faserrichtung der Decklagen, Reihe 1Q-20-22_1.1

Versuch		F_{max} in kN	v_{Fmax} in mm	F_{v15} in kN	$F_{maßg}$ in kN	k_i in kN/mm	k_s in kN/mm	ρ_{SH} in kg/m³	ρ_{MH} in kg/m³		Ort u. Ursache des Versagens	v >15mm
1Q-20-22_1.1.1	v1	85,05*	1,99	-	85,05*	49,37	47,92	432	415		vorzeitiges Versagen an der Lasteinleitung	-
	v2		2,38	-				440	415			
	v3		2,50	-	85,05*	48,14	46,03	429	422			-
	v4		2,11	-				439	422			
1Q-20-22_1.1.2	v1	97,52	3,47	-	97,52	45,94	43,89	418	447		Versagen an der Lasteinleitung	-
	v2		3,47	-				419	447			
	v3		3,91	-	97,52	43,96	42,43	414	435			-
	v4		3,52	-				425	435			
1Q-20-22_1.1.3	v1	94,48	2,70	-	94,48	46,30	43,00	407	462		Versagen an der Lasteinleitung	-
	v2		3,30	-				443	462			
	v3		3,42	-	94,48	42,46	38,96	438	453			-
	v4		2,52	-				448	453			
Mittelwerte		-			96,00	46,03	43,71	429	439			

* Bei der statistischen Auswertung nicht berücksichtigt.

Tabelle 10-96 Ergebnisse der Zug-Scherversuche mit Schrauben unter Belastung rechtwinklig zur Faserrichtung der Decklagen, Reihe 1Q-12-42_1.1

Versuch		F_{max} in kN	v_{Fmax} in mm	F_{v15} in kN	$F_{maßg}$ in kN	k_i in kN/mm	k_s in kN/mm	ρ_{SH} in kg/m³	ρ_{MH} in kg/m³	Ort u. Ursache des Versagens		v >15mm
1Q-12-42_1.1.1	v1	24,26	10,26	-	24,26	16,77	14,20	439	431		ZV-ML-SH	-
	v2		8,52	-				444	431			
	v3		9,41	-	24,26	18,15	15,97	474	443			-
	v4		12,05	23,19				479	443	X		X
1Q-12-42_1.1.2	v1	26,01	7,70	-	26,01	18,38	16,22	433	445		ZV-ML-SH	-
	v2		7,03	-				486	445			
	v3		9,79	-	26,01	16,89	14,71	470	445	X		-
	v4		9,80	-				453	445			
1Q-12-42_1.1.F1	v1	24,19	8,94	-	24,19	17,07	14,90	447	423		ZV-ML-SH	-
	v2		6,66	-				463	423	X		
	v3		5,30	-	24,19	21,18	18,96	445	452			-
	v4		6,64	-				443	452			
1Q-12-42_1.1.F2	v1	22,58	4,84	-	22,58	17,94	15,50	491	425		ZV-ML-SH ZV-DL-MH	-
	v2		7,60	-				469	425			
	v3		8,58	-	22,58	20,94	18,19	447	436	X		-
	v4		6,24	-				461	436			
Mittelwerte		24,26			24,26	18,42	16,08	459	438			

Tabelle 10-97 Ergebnisse der Zug-Scherversuche mit Stabdübeln in den Schmalflächen, Versuch 2-24-22_B1.1

Versuch		F_{max} in kN	v_{Fmax} in mm	F_{v15} in kN	$F_{maßg}$ in kN	k_i in kN/mm	k_s in kN/mm	ρ_{SH} in kg/m³	ρ_{MH} in kg/m³		Ort u. Ursache des Versagens	v >15mm
2-24-22_B1.1	v1	93,49	4,30	-	93,49	40,73	38,22	391	408		Lasteinleitung versagt	-
	v2		5,33	-				410	408			
	v3		4,14	-	93,49	48,34	44,58	387	411			-
	v4		4,82	-				444	411			

Tabelle 10-98 Ergebnisse der Zug-Scherversuche mit Stabdübeln in den Schmalflächen, Versuch 2-24-22_B1.F1

Versuch		F_{max} in kN	v_{Fmax} in mm	F_{v15} in kN	$F_{maßg}$ in kN	k_i in kN/mm	k_s in kN/mm	ρ_{SH} in kg/m³	ρ_{MH} in kg/m³		Ort u. Ursache des Versagens	v >15mm
2-24-22_B1.F1	v1	88,46	3,06	-	88,46	45,38	42,47	431	365		Lasteinleitung versagt	-
	v2		2,89	-				420	365			
	v3		2,44	-	88,46	48,55	44,04	380	345			-
	v4		2,18	-				390	345			

Tabelle 10-99 Ergebnisse der Zug-Scherversuche mit Stabdübeln in den Schmalflächen der Reihe 2-24-22_C1

Versuch		F_{max} in kN	v_{Fmax} in mm	F_{v15} in kN	$F_{maßg}$ in kN	k_i in kN/mm	k_s in kN/mm	ρ_{SH} in kg/m³	ρ_{MH} in kg/m³		Ort u. Ursache des Versagens	v >15mm
2-24-22_C1.1	v1	128,2	>5,90	-	128,2	65,98	60,35	410	411		SP-SH	-
	v2		>4,17	-				487	411	X		
	v3		>3,52	-	128,2	66,89	61,12	410	434			-
	v4		>6,61	-				391	434	X		
2-24-22_C1.F1	v1	120,4	1,98	-	120,4	88,06	80,27	493	438	X	SP-SH	-
	v2		2,00	-				436	438			
	v3		2,52	-	120,4	83,21	77,47	463	413			-
	v4		2,68	-				412	413			
2-24-22_C1.F2	v1	132,0	>3,84	-	132,0	84,65	79,12	449	359		Lasteinleitung versagt	-
	v2		>3,51	-				462	359			
	v3		>3,08	-	132,0	80,72	73,38	444	438			-
	v4		>2,42	-				437	438			
Mittelwerte		126,9			126,9	78,25	71,95	441	416			

Tabelle 10-100 Ergebnisse der Zug-Scherversuche mit Stabdübeln in den Schmalflächen der Reihe 2-24-22_B2

Versuch		F_{max} in kN	v_{Fmax} in mm	F_{v15} in kN	$F_{maßg}$ in kN	k_i in kN/mm	k_s in kN/mm	ρ_{SH} in kg/m³	ρ_{MH} in kg/m³	Ort u. Ursache des Versagens		v >15mm
2-24-22_B2.1	v1	103,5	14,10	98,64	103,5	32,69	30,38	377	500		v > 15 mm	X
	v2		9,37	-				451	500			-
	v3		6,82	-	103,5	35,41	32,32	475	450			-
	v4		10,89	-				495	450			
2-24-22_B2.2	v1	102,1	4,44	-	102,1	41,16	44,04	472	430			-
	v2		7,24	-				464	430			
	v3		12,97	100,8	102,1	36,85	38,29	408	423			X
	v4		10,05	-				488	423			-
2-24-22_B2.F1	v1	98,8	8,59	-	98,8	40,78	39,83	487	475			-
	v2		5,68	-				434	475	X	SP-SH	
	v3		12,05	-	98,8	24,55	26,53	451	416			-
	v4		15,55	98,11				470	416	X		X
Mittelwerte		101,5			101,5	35,24	35,23	456	449			

Tabelle 10-101 Ergebnisse der Zug-Scherversuche mit Stabdübeln in den Schmalflächen der Reihe 2-16-22_B1

Versuch		F_{max} in kN	v_{Fmax} in mm	F_{v15} in kN	$F_{maßg}$ in kN	k_i in kN/mm	k_s in kN/mm	ρ_{SH} in kg/m³	ρ_{MH} in kg/m³	Ort u. Ursache des Versagens		v >15mm
2-16-22_B1.1	v1	42,69	7,10	-	42,69	14,98	14,98	421	487		SP-ML-SH	-
	v2		8,20	-				388	487	X		
	v3		5,65	-	42,69	22,73	22,65	435	448			-
	v4		5,45	-				441	448	X		
2-16-22_B1.F1	v1	48,45	7,87	-	48,45	19,92	20,20	566	469		SP-ML-SH	-
	v2		8,76	-				453	469			
	v3		14,47	-	48,45	14,85	15,04	349	490			-
	v4		12,55	-				491	490	X		
2-16-22_B1.F2	v1	50,07	14,41	-	50,07	19,32	19,90	486	442	X	SP-ML-SH	-
	v2		14,91	-				467	442			
	v3		9,71	-	50,07	18,14	18,26	436	556			-
	v4		10,22	-				481	556			
Mittelwerte		47,07			47,07	18,32	18,51	451	482			

Tabelle 10-102 Ergebnisse der Zug-Scherversuche mit Stabdübeln in den Schmalflächen der Reihe 2-16-22_A2

Versuch		F_{max} in kN	v_{Fmax} in mm	F_{v15} in kN	$F_{maßg}$ in kN	k_i in kN/mm	k_s in kN/mm	ρ_{SH} in kg/m³	ρ_{MH} in kg/m³	Ort u. Ursache des Versagens		v >15mm
2-16-22_A2.1	v1	85,50	1,91	-	85,50	69,97	63,67	389	329		ZV-ML-SH Ausscheren ML (Rollschub)	-
	v2		1,90	-				498	329	X		
	v3		1,96	-	85,50	80,32	73,15	389	421			-
	v4		1,35	-				498	421	X		
2-16-22_A2.2	v1	63,14	0,93	-	63,14	72,62	67,22	463	374	X	SP-ML-SH	-
	v2		1,31	-				369	374			
	v3		0,75	-	63,14	77,15	71,30	463	429			-
	v4		1,21	-				369	429	X		
2-16-22_A2.3	v1	101,8	keine Messwerte	-	101,8	81,00	76,31	462	370	X	SP-ML-SH	-
	v2			-				449	370	X		
	v3			-	101,8	86,45	80,18	462	420			-
	v4			-				449	420	X		
Mittelwerte		83,48			83,48	77,92	71,97	438	391			

Tabelle 10-103 Ergebnisse der Zug-Scherversuche mit Stabdübeln in den Schmalflächen der Reihe 2-16-22_B2

Versuch		F_{max} in kN	v_{Fmax} in mm	F_{v15} in kN	$F_{maßg}$ in kN	k_i in kN/mm	k_s in kN/mm	ρ_{SH} in kg/m³	ρ_{MH} in kg/m³	Ort u. Ursache des Versagens	v >15mm
2-16-22_B2.1	v1	49,70	5,89	-	49,70	19,81	18,39	459	346	v > 15 mm	-
	v2		13,81	-				465	346		
	v3		19,27	42,88	44,19	17,86	17,37	366	460		X
	v4		19,46	45,98				421	460		
2-16-22_B2.2	v1	47,99	17,20	42,73	42,97	14,95	14,23	444	422	v > 15 mm	X
	v2		20,61	43,16				363	422		
	v3		14,05	-	47,38	14,28	13,24	332	481		X
	v4		17,07	46,29				419	481		
2-16-22_B2.F1	v1	46,00	17,36	43,74	44,34	15,14	14,20	376	438	v > 15 mm	X
	v2		16,69	44,76				410	438		
	v3		15,58	45,56	45,12	14,82	14,16	412	460		X
	v4		16,89	44,66				381	460		
2-16-22_B2.F2	v1	46,71	15,50	46,27	44,95	16,50	15,86	376	433	v > 15 mm	X
	v2		20,59	43,79				366	433		
	v3		19,48	41,02	42,50	13,15	12,27	347	421		X
	v4		18,44	44,25				407	421		
Mittelwerte		47,60			45,14	15,81	14,97	397	433		

Tabelle 10-104 Ergebnisse der Zug-Scherversuche mit Schrauben in den Schmalflächen der Reihe 2-12-22_A1.1

Versuch		F_{max} in kN	v_{Fmax} in mm	F_{v15} in kN	$F_{maßg}$ in kN	k_i in kN/mm	k_s in kN/mm	ρ_{SH} in kg/m³	ρ_{MH} in kg/m³	Ort u. Ursache des Versagens		v >15mm
2-12-22_A1.1.1	v1	33,32	5,54	-	33,32	(134,0)	(109,6)	416	368		v >15 mm	-
	v2		5,14	-				404	368			
	v3		15,37	32,90	32,72	8,23	6,23	416	388			X
	v4		16,30	32,46				404	388			
2-12-22_A1.1.2	v1	34,13	9,75	-	34,13	(58,56)	(46,24)	385	434		v >15 mm	-
	v2		7,82	-				430	434			
	v3		15,16	33,84	33,01	7,04	5,34	385	394			X
	v4		18,14	32,55				430	394			
2-12-22_A1.1.3	v1	33,15	16,98	31,01	32,29	8,05	6,18	375	436		v >15 mm	X
	v2		15,36	33,03				390	436			
	v3		7,17	-	33,15	11,06	8,47	375	373			-
	v4		17,12	32,67				390	373			X
Mittelwerte		33,53			33,10	8,60	6,56	400	399			

Tabelle 10-105 Ergebnisse der Zug-Scherversuche mit Schrauben in den Schmalflächen der Reihe 2-12-22_B1.1

Versuch		F_{max} in kN	v_{Fmax} in mm	F_{v15} in kN	$F_{maßg}$ in kN	k_i in kN/mm	k_s in kN/mm	ρ_{SH} in kg/m³	ρ_{MH} in kg/m³	Ort u. Ursache des Versagens		v >15mm
2-12-22_B1.1.1	v1	19,02	15,37	18,85	19,02	4,61	3,70	552	446		SP-SH	X
	v2		11,48	-				468	446	X		-
	v3		13,43	-	18,80	4,00	3,23	415	425			X
	v4		18,06	16,51				401	425			
2-12-22_B1.1.2	v1	20,74	16,88	19,41	18,41	3,36	2,81	457	383		v > 15 mm	X
	v2		20,57	17,59				432	383			
	v3		15,71	19,81	20,74	4,24	3,40	591	421			X
	v4		12,55	-				418	421			-
2-12-22_B1.1.F1	v1	20,35	16,92	19,02	20,35	9,72	7,41	556	514		v > 15 mm	X
	v2		12,86	-				325	514			-
	v3		15,49	19,52	18,35	3,65	2,82	455	420			X
	v4		19,30	17,40				357	420			
2-12-22_B1.1.F2	v1	21,23	14,02	-	20,98	4,15	3,26	504	420		v > 15 mm	X
	v2		16,78	20,06				499	420			
	v3		16,09	18,48	19,54	4,80	4,06	511	506			X
	v4		16,96	19,99				488	506			
Mittelwerte		20,34			19,52	4,82	3,84	464	442			

Tabelle 10-106 Ergebnisse der Zug-Scherversuche mit Schrauben in den Schmalflächen der Reihe 2-12-22_A1.2

Versuch		F_{max} in kN	v_{Fmax} in mm	F_{v15} in kN	$F_{maßg}$ in kN	k_i in kN/mm	k_s in kN/mm	ρ_{SH} in kg/m³	ρ_{MH} in kg/m³	Ort u. Ursache des Versagens		v >15mm
2-12-22_A1.2.1	v1	80,51	14,11	78,79	78,57	18,12	13,90	430	411	X	SP-SH	X
	v2		19,56	72,98				437	411			
	v3		17,63	76,32	80,47	24,05	18,35	413	415		v >15 mm	X
	v4		12,49	77,00				460	415			
2-12-22_A1.2.2	v1	79,35	15,16	78,97	76,52	15,12	11,71	417	416		v > 15 mm	X
	v2		17,94	74,70				431	416			
	v3		18,06	73,91	75,03	15,50	11,82	426	327			X
	v4		16,25	76,77				435	327			
Mittelwerte					77,65	18,20	13,95	431	392			

Tabelle 10-107 Ergebnisse der Zug-Scherversuche mit Schrauben in den Schmalflächen der Reihe 2-12-22_B1.2

Versuch		F_{max} in kN	v_{Fmax} in mm	F_{v15} in kN	$F_{maßg}$ in kN	k_i in kN/mm	k_s in kN/mm	ρ_{SH} in kg/m³	ρ_{MH} in kg/m³	Ort u. Ursache des Versagens		v >15mm
2-12-22_B1.2.1	v1	76,98	12,74	-	74,99	15,04	11,64	437	471		SP-ML-SH	X
	v2		19,67	71,60				438	471			
	v3		19,24	68,11	70,49	18,65	14,35	411	426	X	v > 15 mm	X
	v4		17,62	72,92				467	426			
2-12-22_B1.2.2	v1	84,49	16,28	81,84	83,03	20,49	15,87	452	466		v > 15 mm	X
	v2		15,14	84,05				427	466			
	v3		15,45	84,04	83,26	23,67	18,42	418	420			X
	v4		17,11	82,40				436	420			
Mittelwerte					77,94	19,46	15,07	436	446			

Tabelle 10-108 Ergebnisse der Zug-Scherversuche mit Schrauben in den Schmalflächen der Reihe 2-12-22_A2

Versuch		F_{max} in kN	v_{Fmax} in mm	F_{v15} in kN	$F_{maßg}$ in kN	k_i in kN/mm	k_s in kN/mm	ρ_{SH} in kg/m³	ρ_{MH} in kg/m³	Ort u. Ursache des Versagens		v >15mm
2-12-22_A2.1	v1	20,89	7,71	-	20,89	5,76	4,43	423	345	X	SP-ML-MH	-
	v2		8,26	-				404	345			
	v3		6,42	-	20,89	5,94	4,54	423	418			-
	v4		6,29	-				404	418			
2-12-22_A2.2	v1	19,06	4,88	-	19,06	19,24	15,46	450	383	X	SP-ML-SH	-
	v2		3,76	-				451	383			
	v3		2,72	-	19,06	11,96	9,88	450	417			-
	v4		4,19	-				451	417			
2-12-22_A2.3	v1	15,76	5,38	13,48	15,76	5,44	4,28	400	394	X	SP-ML-SH	-
	v2		5,12	-				450	394			
	v3		4,76	-	15,76	7,09	5,78	400	372			-
	v4		4,17	-				450	372			
Mittelwerte		18,57			18,57	9,24	7,40	430	388			

Tabelle 10-109 Ergebnisse der Zug-Scherversuche mit Schrauben in den Schmalflächen der Reihe 2-12-22_B2

Versuch		F_{max} in kN	v_{Fmax} in mm	F_{v15} in kN	$F_{maßg}$ in kN	k_i in kN/mm	k_s in kN/mm	ρ_{SH} in kg/m³	ρ_{MH} in kg/m³	Ort u. Ursache des Versagens		v >15mm
2-12-22_B2.1	v1	21,37	5,35	-	21,37	6,19	5,01	421	412		SP-SH	-
	v2		3,84	-				434	412			
	v3		4,88	-	21,37	6,07	5,04	519	408	X		-
	v4		6,68	-				406	408			
2-12-22_B2.2	v1	39,61	14,16	-	36,94	7,11	5,81	416	393		SP-SH	X
	v2		20,63	32,71				435	393	X		
	v3		17,64	36,04	39,47	7,63	6,23	414	432			X
	v4		12,50	-				483	432			
2-12-22_B2.3	v1	38,98	16,28	37,54	37,06	6,11	5,04	406	451		SP-SH	X
	v2		16,92	36,48				422	451			
	v3		18,21	29,11	29,90	3,50	3,10	495	419			X
	v4		19,38	30,58				426	419	X		
2-12-22_B2.F1	v1	23,76	6,56	-	23,76	6,54	5,35	408	479		SP-SH	-
	v2		7,37	-				475	479	X		
	v3		7,39	-	23,76	5,60	4,59	412	447			-
	v4		6,60	-				426	447			
2-12-22_B2.F2	v1	35,26	13,87	-	35,26	5,98	4,83	500	411	X	SP-SH	-
	v2		12,45	-				435	411			
	v3		13,16	-	35,26	6,82	5,59	510	434	X		-
	v4		15,13	35,12				424	434			X
2-12-22_B2.F3	v1	36,62	14,60	34,92	36,62	7,69	6,16	464	423		SP-SH	X
	v2		9,55	-				517	423			-
	v3		9,44	-	36,62	7,06	5,86	443	427			-
	v4		14,49	34,89				485	427	X		X
Mittelwerte		32,60			31,45	6,36	5,22	449	428			

Tabelle 10-110 Ergebnisse der Zug-Scherversuche mit Schrauben in den Schmalflächen der Reihe 2-12-22_C2

Versuch		F_{max} in kN	v_{Fmax} in mm	F_{v15} in kN	$F_{maßg}$ in kN	k_i in kN/mm	k_s in kN/mm	ρ_{SH} in kg/m³	ρ_{MH} in kg/m³	Ort u. Ursache des Versagens		v >15mm
2-12-22_C2.1	v1	25,50	8,18	-	25,50	6,65	5,41	380	521		SP-SH	-
	v2		9,15	-				432	521			
	v3		5,64	-	25,50	9,88	8,08	464	424	X		-
	v4		4,39	-				473	424			
2-12-22_C2.2	v1	26,80	8,44	-	26,80	7,89	6,35	430	418			-
	v2		5,71	-				435	418			
	v3		5,73	-	26,80	7,80	6,31	453	438			-
	v4		8,33	-				359	438			
2-12-22_C2.3	v1	36,75	12,15	-	36,75	10,22	8,09	476	384	X	SP-SH	-
	v2		14,87	36,75				393	384			X
	v3		16,93	34,17	35,17	9,72	7,75	450	385			X
	v4		16,25	35,77				386	385			
Mittelwerte		29,68			29,42	8,69	7,00	428	428			

Tabelle 10-111 Ergebnisse der Zug-Scherversuche mit Schrauben in den Schmalflächen der Reihe 2-12-22_B3

Versuch		F_{max} in kN	v_{Fmax} in mm	F_{v15} in kN	$F_{maßg}$ in kN	k_i in kN/mm	k_s in kN/mm	ρ_{SH} in kg/m³	ρ_{MH} in kg/m³	Ort u. Ursache des Versagens	v >15mm
2-12-22_B3.1	v1	50,02	14,00	-	50,02	16,04	12,35	480	429	v > 15 mm	-
	v2		12,16	-				434	429		
	v3		17,07	42,77	41,75	6,51	4,98	393	415		X
	v4		19,40	40,70				430	415		
2-12-22_B3.2	v1	47,02	12,50	-	45,68	17,20	13,18	472	489	v > 15 mm	-
	v2		19,71	42,27				422	489		X
	v3		18,45	39,91	43,41	10,12	7,68	456	421		X
	v4		15,88	46,09				425	421		
Mittelwerte					45,22	12,47	9,55	439	439		

Tabelle 10-112 Ergebnisse der Zug-Scherversuche mit Schrauben in den Schmalflächen der Reihe 2-8-42_A1

Versuch		F_{max} in kN	v_{Fmax} in mm	F_{v15} in kN	$F_{maßg}$ in kN	k_i in kN/mm	k_s in kN/mm	ρ_{SH} in kg/m³	ρ_{MH} in kg/m³	Ort u. Ursache des Versagens		v >15mm
2-8-42_A1.1	v1	31,55	12,05	-	31,55	6,78	5,20	436	491		SP-SH	-
	v2		10,46	-				510	491			
	v3		11,22	-	31,55	5,04	3,87	436	469	X		-
	v4		11,80	-				510	469			
2-8-42_A1.2	v1	33,02	10,28	-	33,02	6,68	5,12	462	448	X	SP-SH	-
	v2		10,83	-				463	448			
	v3		11,28	-	33,02	5,46	4,21	462	532			-
	v4		10,36	-				463	532			
2-8-42_A1.3	v1	33,16	11,12	-	33,16	5,70	4,34	497	512	X	SP-SH	-
	v2		13,64	-				475	512			
	v3		12,20	-	33,16	5,36	4,09	497	497			-
	v4		10,34	-				475	497			
Mittelwerte		32,58			32,58	5,84	4,47	474	492			

Tabelle 10-113 Ergebnisse der Zug-Scherversuche mit Schrauben in den Schmalflächen der Reihe 2-8-42_B1

Versuch		F_{max} in kN	v_{Fmax} in mm	F_{v15} in kN	$F_{maßg}$ in kN	k_i in kN/mm	k_s in kN/mm	ρ_{SH} in kg/m³	ρ_{MH} in kg/m³	Ort u. Ursache des Versagens		v >15mm
2-8-42_B1.1	v1	19,63	6,46	-	19,63	5,89	4,49	439	478		SP-SH	-
	v2		9,05	-				457	478			
	v3		11,79	-	19,63	4,40	3,34	463	526			-
	v4		9,93	-				431	526	X		
2-8-42_B1.2	v1	18,75	7,10	-	18,75	4,88	3,71	455	544		SP-SH	-
	v2		8,16	-				488	544			
	v3		10,61	-	18,75	4,45	3,38	465	506	X		-
	v4		10,36	-				496	506			
2-8-42_B1.3	v1	10,27	2,49	-	10,27	6,25	4,77	456	522		SP-SH	-
	v2		2,48	-				566	522	X		
	v3		3,60	-	10,27	5,14	3,89	475	532			-
	v4		2,80	-				537	532			
Mittelwerte		16,22			16,22	5,17	3,93	477	518			

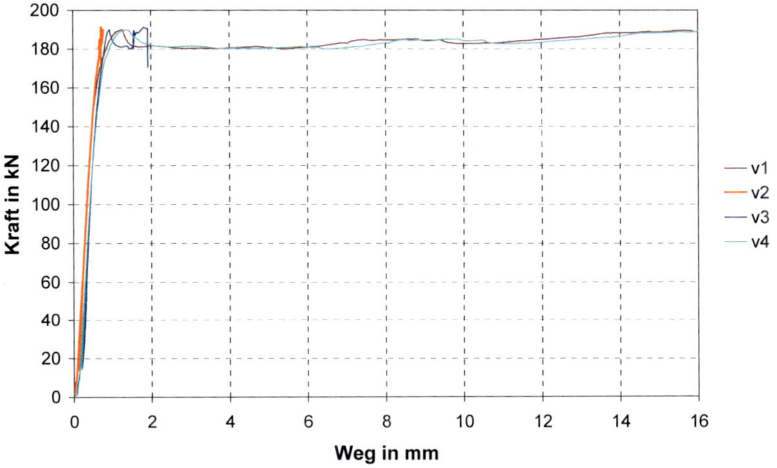

Bild 10-42 Last-Verschiebungsdiagramm der Versuche mit Stabdübelverbindungen in den Seitenflächen, hier Versuch: 1-24-2S_1.1.1, Blockscheren in Decklagen

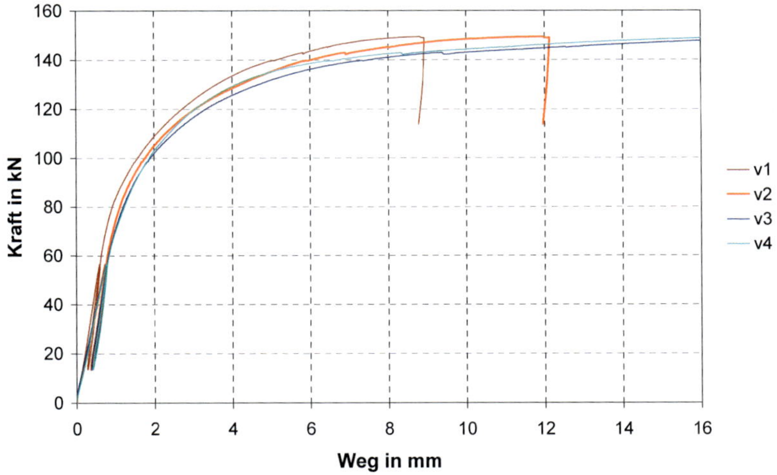

Bild 10-43 Last-Verschiebungsdiagramm der Versuche mit Stabdübelverbindungen in den Seitenflächen, hier Versuch: 1-20-22_1.1.2, kein Blockscheren

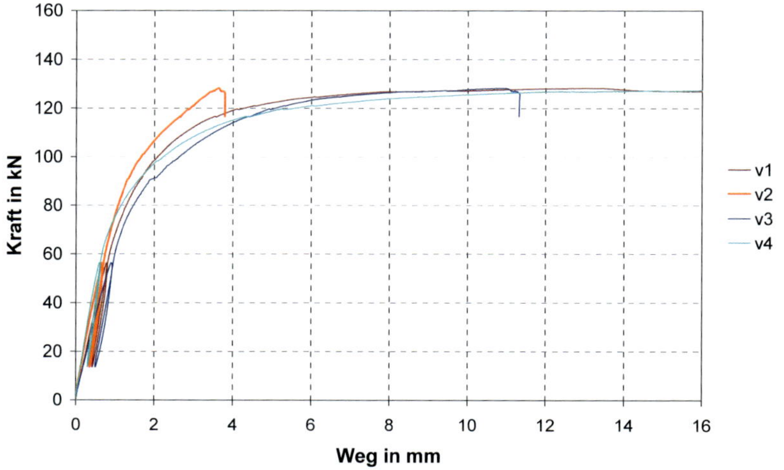

Bild 10-44 Last-Verschiebungsdiagramm der Versuche mit Stabdübelverbindungen in den Seitenflächen, hier Versuch: 1-20-22_1.2.2, Blockscheren

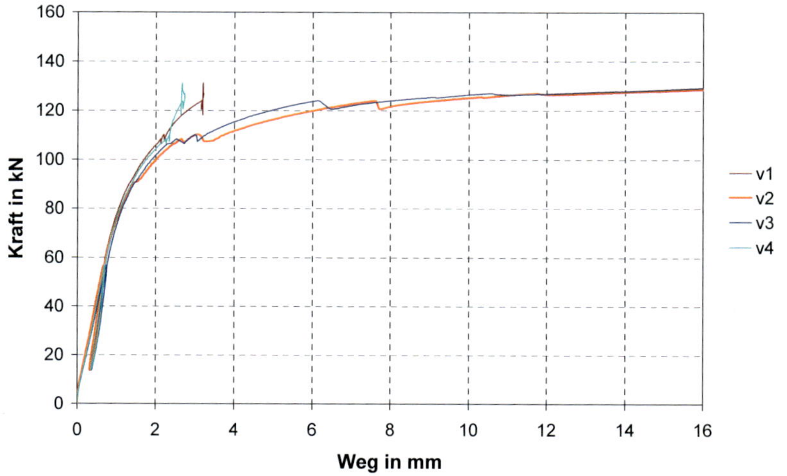

Bild 10-45 Last-Verschiebungsdiagramm der Versuche mit Stabdübelverbindungen in den Seitenflächen, Anordnung der Verbindungsmittel im Fugenbereich, hier Versuch: 1-20-22_1.2.F3, Blockscheren

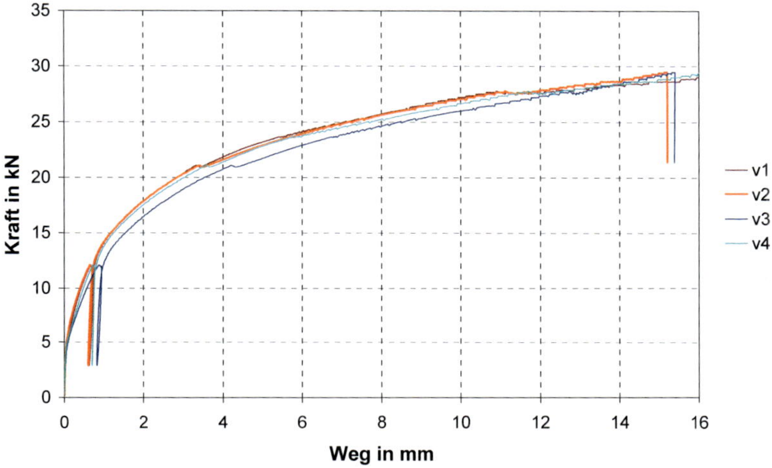

Bild 10-46 Last-Verschiebungsdiagramm der Versuche mit Schraubenverbindungen in den Seitenflächen, hier Versuch: 1-12-42_1.3.1

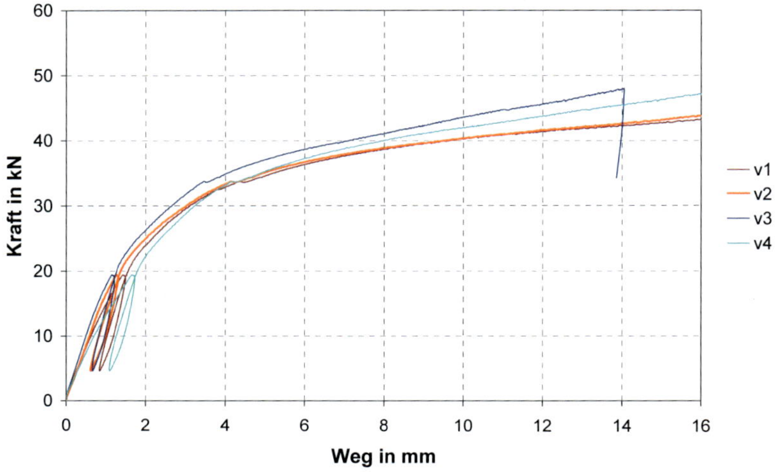

Bild 10-47 Last-Verschiebungsdiagramm der Versuche mit Stabdübelverbindungen in den Schmalflächen, hier Versuchsreihe: 2-16-22_B2.2

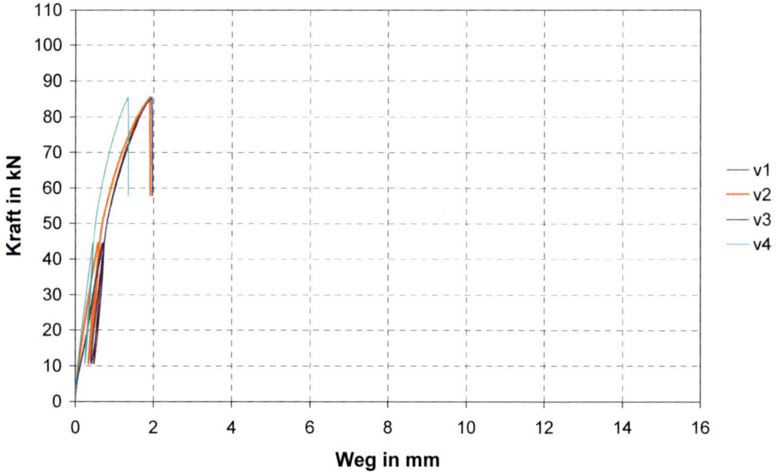

Bild 10-48 Last-Verschiebungsdiagramm der Versuche mit Stabdübelverbindungen in den Schmalflächen, hier Versuchsreihe: 2-16-22_A2.1

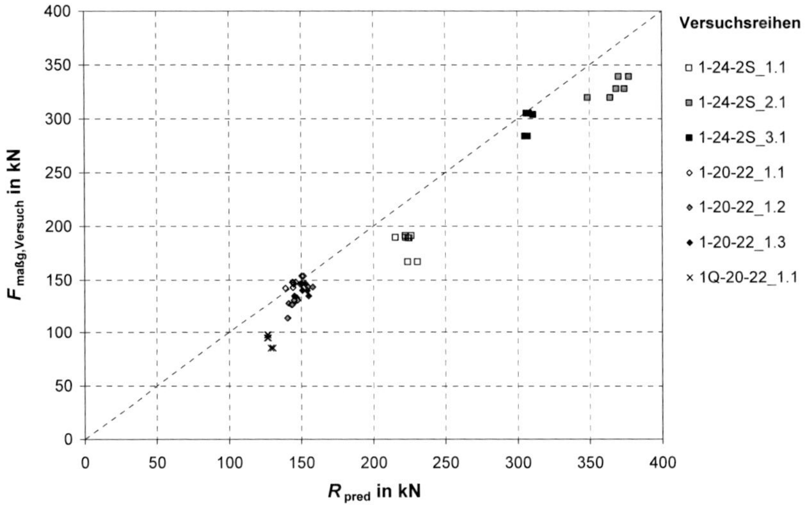

Bild 10-49 Versuchsergebnisse der Tragfähigkeitsversuche mit Verbindungen mit Stabdübeln in den Seitenflächen im Vergleich zu den Erwartungswerten der Tragfähigkeit (analytisch genaues Modell)

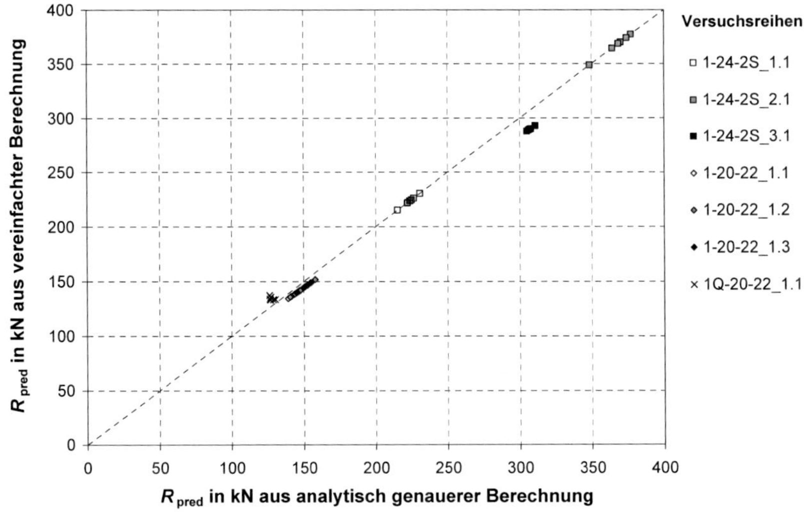

Bild 10-50 Vergleich der Erwartungswerte der Tragfähigkeit aus vereinfachtem und genauerem Berechnungsmodell

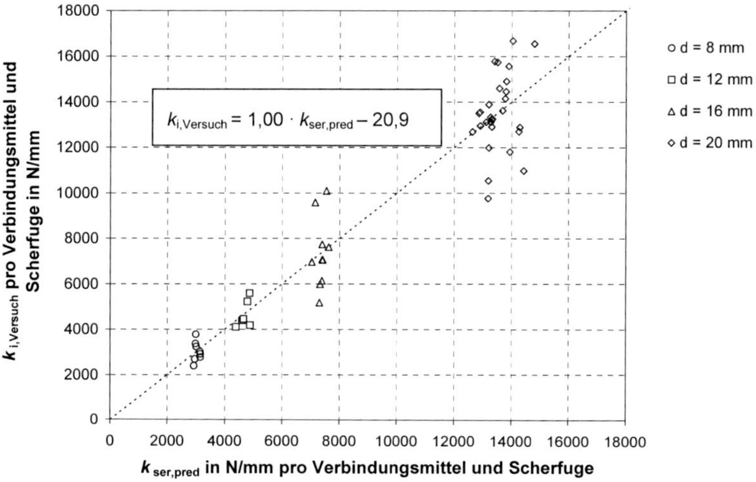

Bild 10-51 Erwartungswerte des Verschiebungsmoduls $k_{ser,pred}$ im Vergleich zum Verschiebungsmodul $k_{i,Versuch}$ aus den Versuchen mit Stabdübelverbindungen

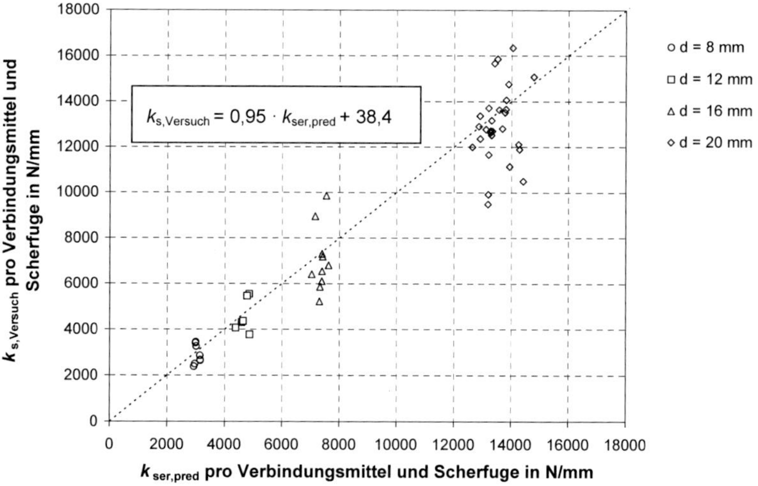

Bild 10-52 Erwartungswerte des Verschiebungsmoduls $k_{ser,pred}$ im Vergleich zum Verschiebungsmodul $k_{s,Versuch}$ aus den Versuchen mit Stabdübelverbindungen

Tabelle 10-114 Ergebnisse der Tragfähigkeitsversuche mit Stabdübeln in den Seitenflächen von Brettsperrholz im Vergleich zu den Erwartungswerten der Tragfähigkeit

Versuchsreihe	Versuchsanzahl	$F_{maßg,m}$ in kN	$R_{pred,m}$ in kN	$R_{pred,analytisch,m}$ in kN	η	η_1	η_2
1-24-2S_1.1	4 / 3[2)]	190,1	223,6	223,6	0,85	0,85	1,00
1-24-2S_2.1	3	329,1	367,1	367,1	0,90	0,90	1,00
1-24-2S_3.1	3	297,9	290,0	307,4	1,03	0,97	1,06
1-20-22_1.1	6	148,1	140,2	145,4	1,06	1,02	1,04
1-20-22_1.2	6	129,5	140,9	146,1	0,92	0,89	1,04
1-20-22_1.3	3	140,8	145,8	151,6	0,97	0,93	1,04
1-16-22_1.1	2	106,5	119,6	1)	0,89	1)	1)
1-16-22_2.1	3	165,8	199,7	1)	0,83	1)	1)
1-12-42_1.1	3	50,88	55,72	1)	0,91	1)	1)
1-8-42_1.1	2	24,08	31,50	1)	0,76	1)	1)
1-8-42_2.1	2	40,63	54,25	1)	ZV	1)	1)
1Q-24-2S_1.1	3	128,6	134,2	134,2	0,96	0,96	1,00
1Q-24-2S_1.1-F1	1	138,0	188,7	188,7	ZV[2)]	ZV[2)]	1,00
1Q-20-22_1.1	3	92,35	135,1	126,7	2)	2)	0,94

$$\eta = \frac{F_{maßg,m}}{R_{pred,m}} , \quad \eta_1 = \frac{F_{maßg,m}}{R_{pred,analytisch,m}} , \quad \eta_2 = \frac{R_{pred,analytisch,m}}{R_{pred,m}}$$

1) Reihe bei der Auswertung der analytischen Tragfähigkeit nicht berücksichtigt

2) Auswertung ohne Berücksichtigung der Versuche, bei denen ein frühzeitiges Versagen (z. B. Zugversagen, Versagen der Lasteinleitung) maßgebend wurde

Tabelle 10-115 Ergebnisse der Tragfähigkeitsversuche mit Schrauben und Nägeln in den Seitenflächen von Brettsperrholz im Vergleich zu den Erwartungswerten der Tragfähigkeit

Versuchsreihe	Versuchs-anzahl	$F_{maßg,m}$ in kN	$R_{pred,m}$ in kN	η
1-12-42_1.1	3 / 2[1)]	29,11	21,20	1,37
1-12-42_1.2	3	30,02	21,41	1,40
1-12-42_1.3	3	27,54	21,41	1,29
1-12-22_2.1	3	55,54	60,32	0,92
1-12-22_2.2	6	58,28	60,04	0,97
1-8-42_1.1	3	20,43	21,31	(0,96) ZV
1-8-42_2.1	3	19,29	21,26	(0,91) ZV
1-6-42_1.1	3	38,41	23,65	1,62
1-6-42_2.1	3	67,63	46,65	1,45
1-4-S2_1.1	4	44,43	37,43	1,19
1Q-12-42_1.1	4	24,26	22,00	1,10

$$\eta = \frac{F_{maßg,m}}{R_{pred,m}}$$

1) Auswertung ohne Berücksichtigung der Versuche, bei denen ein frühzeitiges Versagen (z. B. Zugversagen, Versagen der Lasteinleitung) maßgebend wurde

Tabelle 10-116 Ergebnisse der Tragfähigkeitsversuche mit Stabdübeln und Schrauben in den Schmalflächen von Brettsperrholz im Vergleich zu den Erwartungswerten der Tragfähigkeit

Versuchsreihe	Versuchs-anzahl	$F_{\text{maßg,m}}$ in kN	$R_{\text{pred,m}}$ in kN	η
2-24-22_B1	1	93,49	105,86	(0,88)*
2-24-22_B1.F1	1	88,46	115,31	(0,77)*
2-24-22_C1	3	126,9	80,35	1,58
2-24-22_B2	3	101,5	83,78	1,21
2-16-22_B1	3	47,07	48,19	0,98
2-16-22_A2	3	83,48	45,80	1,82
2-16-22_B2	4	45,14	45,23	1,00
2-12-22_A1.1	3	33,10	18,17	1,82
2-12-22_B1.1	4	19,52	17,25	1,13
2-12-22_A1.2	2	77,65	57,17	1,36
2-12-22_B1.2	2	77,94	58,43	1,33
2-12-22_A2	3	18,57	16,69	1,11
2-12-22_B2	6	31,45	34,1	(0,92) SP
2-12-22_C2	3	29,42	33,45	(0,88) SP
2-12-22_B3	2	45,22	39,27	1,15
2-8-42_A1	3	32,58	15,46	2,11
2-8-42_B1	3	16,22	15,58	1,04

$$\eta = \frac{F_{\text{maßg,m}}}{R_{\text{pred,m}}}$$

* Versagen der Lasteinleitung

Kolibri 360 GmbH
Ferdinand-Jühlke-Straße 7
99095 Erfurt, Deutschland
produktsicherheit@kolibri360.de